Duden

100 Prüfungsfragen Abitur
Mathematik

Dudenverlag
Mannheim · Zürich

Bibliografische Information der Deutschen Nationalbibliothek
Die Deutsche Nationalbibliothek verzeichnet diese Publikation in der Deutschen Nationalbibliografie; detaillierte bibliografische Daten sind im Internet über http//dnb.ddb.de abrufbar.

Bibliographisches Institut GmbH, Dudenstraße 6, 68167 Mannheim
Sonderausgabe 2013 für die WKV Direktvertriebsservice GmbH

Redaktionelle Leitung: Simone Senk
Redaktion: Dr. Ulrich Kilian (redaktionsbüro science & more)
Autor: Tobias Strenge

Herstellung: Andreas Preising
Layout: Horst Bachmann
Umschlaggestaltung: Hemm-communication.design, Filderstadt
Satz: Kösel, Krugzell
Druck und Bindung: CPI books GmbH, Birkstraße 10, 25917 Leck
Printed in Germany

ISBN 978-3-411-74061-1

Inhaltsverzeichnis

KAPITEL 1

Die Abiprüfung Mathematik – Anforderungen und Tipps

1.1 Inhalt und Aufbau einer Klausur

Im Fach Mathematik bezieht sich die schriftliche Abiturklausur auf rechnerische Lösungsverfahren, Anwendungsaufgaben, grafische Darstellungen und Datenvorgaben, wobei untersucht, modelliert, berechnet und interpretiert werden muss. Die Aufgaben lassen sich den folgenden drei Themenbereichen zuordnen:

- Analysis,
- Lineare Algebra / Analytische Geometrie,
- Stochastik.

Die Prüfungsaufgaben

- greifen unterschiedliche Themen aus den obligatorischen inhaltlichen Vorgaben auf, wobei sich diese Vorgaben je nach Bundesland unterscheiden können;
- unterscheiden sich grundsätzlich danach, ob sie mithilfe eines wissenschaftlichen (grafikfähigen) Taschenrechners (GTR) gelöst werden oder ob ein im Unterricht eingeführtes Computeralgebrasystem (CAS) eingesetzt wird;
- sind problemorientiert und häufig offen formuliert, sodass allgemeine Lösungsstrategien zu allen drei Themenbereichen der Mathematik beherrscht werden müssen;
- können auffordern, nicht nur innermathematische, sondern auch außermathematische Bezüge herzustellen;
- verlangen nicht nur eine rechnerische Darstellung und Lösung, sondern ebenso angemessene sprachliche Kommentierungen und Interpretationen von Lösungsschritten oder Ergebnissen, die als sog. „Darstellungsleistung“ berücksichtigt werden. Gehäufte Verstöße gegen die sprachliche Richtigkeit können sogar zu einer Absenkung der Bewertung führen.

Die Klausur setzt sich aus mehreren Teilaufgaben zusammen, die unterschiedliche Schwierigkeitsgrade aufweisen und **drei Anforderungsbereichen (AFB)** zugeordnet werden können. Die Teilaufgaben bauen aufeinander auf und unterscheiden sich hinsichtlich der erzielbaren Punkte.

Bereich	Bedeutung	Anteil an der Bewertung
AFB I: Reproduktion	Daten, Fakten, Regeln, Formeln, Aussagen wiedergeben: geübte Arbeitstechniken und Verfahren beschreiben und verwenden	20–30 %
AFB II: Reorganisation und Transfer	Sachverhalte und vorgegebene Aspekte auswählen, anordnen, darstellen; selbstständiges Übertragen der Sachverhalte auf vergleichbare neue Zusammenhänge	40–60 %
AFB III: Reflexion und Problemlösung	planmäßiges Verarbeiten komplexer Gegebenheiten mit dem Ziel, zu selbstständigen Lösungen, Begründungen, Folgerungen, Wertungen zu gelangen	20–30 %

1.2 Die Operatoren

Zur Formulierung der Aufgabenstellung werden bestimmte **Arbeitsanweisungen**, sog. Operatoren, verwendet. Sie liefern wichtige Hinweise auf die Tätigkeiten, die beim Bearbeiten der Aufgabe von Ihnen erwartet werden. Mit den Operatoren sind häufig unterschiedliche Schwierigkeitsgrade verknüpft. Viele Operatoren lassen sich klar einem bestimmten Anforderungsbereich zuordnen. Andere können nicht eindeutig auf einen Anforderungsbereich bezogen werden, sondern stellen eine Universalform dar (z. B. „Begründen Sie …“ in AFB II und III). Hier sollte man auf das in der Aufgabenstellung Verlangte achten und zwar hinsichtlich des Schwierigkeitsgrades.

	Operatoren	Bedeutung
vorwiegend AFB I	Nennen Sie … Geben Sie an …	Sachverhalte, Begriffe und Daten ohne genauere Begründungen, Lösungsansätze und -wege aufführen
	Berechnen Sie …	Ausgehend von einem Ansatz Ergebnisse durch Rechenoperationen erzielen
	Beschreiben Sie …	Strukturen, Sachverhalte oder Methoden in eigenen Worten und angemessener Fachsprache in übersichtlicher Darstellung beschreiben
	Erstellen Sie … Stellen Sie dar …	Sachverhalte, Beziehungen, Vorgehensweisen, Methoden in fachlich sachgerechter Form darstellen

	Operatoren	Bedeutung
AFB I	Skizzieren Sie ...	Wesentliche Merkmale oder Eigenschaften von Sachverhalten oder Objekten grafisch darstellen; auch Freihandskizzen sind hier möglich
	Zeichnen Sie ... Stellen Sie grafisch dar ...	Hinreichend genaue grafische Abbildung von Objekten oder Daten darstellen
vorwiegend AFB II	Begründen Sie ...	Sachverhalte auf Gesetzmäßigkeiten auf der Grundlage von mathematischen Regeln oder kausalen Beziehungen zurückführen
	Beschreiben Sie ...	Strukturen, komplexere Sachverhalte oder Methoden in angemessener Fachsprache wiedergeben
	Bestimmen Sie ... Ermitteln Sie ...	Lösungswege und Zusammenhänge finden und anwenden, um Ergebnisse anzugeben
	Erklären Sie ... Erläutern Sie ...	Sachverhalte mithilfe eigenen Wissens und eigener Kenntnisse verständlich und nachvollziehbar in Zusammenhänge einordnen
	Leiten Sie her ...	Entstehung oder Ableitung angegebener Sachverhalte oder Gleichungen aus anderen Zusammenhängen darstellen
	Interpretieren Sie ...	Zusammenhänge oder Ergebnisse begründet auf gegebene Fragestellungen beziehen
	Untersuchen Sie ... Überprüfen Sie ...	Sachverhalte, Probleme, Fragestellungen nach bestimmten fachlich üblichen oder sinnvollen Kriterien bearbeiten
	Vergleichen Sie ...	Gemeinsamkeiten, Ähnlichkeiten, Unterschiede ermitteln
	Zeichnen Sie ... Stellen Sie grafisch dar ...	Hinreichend exakte grafische Darstellung von komplexen Objekten oder Daten erstellen
	Zeigen Sie ... Weisen Sie nach ...	Aussagen, Sachverhalte, Fragestellungen mithilfe von Berechnungen, Herleitungen, gültigen Schlussfolgerungen oder logischen Begründungen bestätigen
vorwiegend AFB III	Begründen Sie ...	Mithilfe von Regeln und mathematischen Beziehungen komplexere Sachverhalte auf Gesetzmäßigkeiten zurückführen
	Bestimmen Sie ... Ermitteln Sie ...	Komplexere Lösungswege und Zusammenhänge finden und anwenden, um Ergebnisse angeben zu können
	Beurteilen Sie ...	Zu Sachverhalten ein selbstständiges Urteil unter Verwendung von Fachwissen und Fachmethoden formulieren und begründen
	Beweisen Sie ... Widerlegen Sie ...	Mathematische Sätze, Äquivalenzumformungen und logische Schlussfolgerungen verwenden, um Aussagen zu bestätigen oder gegebenenfalls durch ein Gegenbeispiel zu widerlegen

	Operatoren	Bedeutung
vorwiegend AFB III	Interpretieren Sie ...	Komplexere Beziehungen, Zusammenhänge, Ergebnisse begründet auf eine gegebene Fragestellung beziehen und deuten
	Vergleichen Sie ...	Gemeinsamkeiten, Ähnlichkeiten, Unterschiede in komplexeren Zusammenhängen ermitteln
	Zeigen Sie ...	Umfangreichere Aussagen oder komplexere Sachverhalte unter Nutzung von gültigen Schlussregeln, Berechnungen, Herleitungen oder logischen Begründungen bestätigen

1.3 Tipps zum Bearbeiten der Klausuraufgaben

- Rechnen Sie nicht ohne Vorüberlegung darauf los. Üblicherweise ist vor dem eigentlichen Rechenvorgang eine **Entscheidung** zu fällen, z. B. die Wahl eines passenden Lösungsverfahrens.
- Lesen Sie den **Wortlaut der Aufgabenstellung** genau durch. Übersehene Details kosten oft wertvolle Zeit und Bewertungspunkte.
- Lesen Sie **nach Bearbeitung der Aufgabe** die Aufgabenstellung nochmals durch und prüfen Sie, ob Ihr Ergebnis dazu passt. (Plausibilitätscheck!)
- Finden Sie eine für Sie passende **Strategie** zur Bearbeitung von Klausuren. Fangen Sie z. B. immer mit den Aufgaben aus dem Themenbereich an, der Ihnen am meisten liegt. Falls Sie dazu neigen, in Panik zu geraten, verzichten Sie darauf, anfangs alle Prüfungsfragen durchzulesen.
- Nutzen Sie **Tafelwerke bzw. Formelsammlungen** schon in den Unterrichtszeiten. Ein sicherer und vertrauter Umgang damit verschafft auch Sicherheit in der Prüfung.
- Wann immer möglich, ersetzen Sie das Auswendiglernen durch Lernen **nachvollziehbarer Erklärungen.** Diese behalten Sie leichter und Erklärungen sind sicherer gegen Verwechslungen und Blackouts.
- Schreiben Sie alles, was Ihnen zu einer Aufgabe einfällt, auf ein Konzeptpapier nieder. So bekommen Sie den **Kopf frei** für die wesentlichen Überlegungen bzw. Entscheidungen.
- Wenn Sie sich in eine Aufgabe verbissen haben, versuchen Sie zunächst, sich gedanklich vollständig von der Aufgabe zu lösen, z. B. indem Sie eine andere Aufgabe bearbeiten. Das **löst den Knoten im Kopf** und die Lösung fällt Ihnen entweder spontan ein oder nach Rückkehr zur betreffenden Aufgabe.
- Nutzen Sie zur Prüfungsvorbereitung die **Prüfungsklausuren vergangener Jahre,** die Ihnen Ihr Lehrer sicherlich zur Verfügung stellen kann. So erhalten Sie einen Eindruck von Art und Umfang der von Ihnen erwarteten Leistungen. Zudem werden Sie vertraut mit den gängigen Fragestellungen.

KAPITEL 2

Analysis – Grundlagen und Rechenverfahren

Alle Fragen im Überblick

AFB I

1 **Ordnen Sie** den folgenden Funktionen die Begriffe Potenzfunktion, Wurzelfunktion und Umkehrfunktion **zu** und **schreiben Sie** die Wurzelausdrücke in die Potenzschreibweise **um.**

2 **Benennen Sie** die Voraussetzungen für die Verwendung der p-q-Formel und ihre Ergebnismöglichkeiten.

3 **Ermitteln Sie** für die folgenden Aufgaben mithilfe der Polynomdivision die Lösungen der Gleichungen bzw. die Nullstellen der Funktionen.

4 **Beschreiben Sie** Sachverhalte, Merkmale und Zusammenhänge von Exponentialfunktionen und speziell der Euler'schen Exponentialfunktion.

5 **Beschreiben Sie** Sachverhalte, Merkmale und Zusammenhänge von Logarithmusfunktionen.

6 **Beschreiben Sie** Sachverhalte, Merkmale und Zusammenhänge von trigonometrischen Funktionen.

7 **Erläutern Sie** die Auswirkungen der vier Konstanten der allgemeinen Sinusfunktion $s(x)=a\cdot\sin(bx+c)+d$. Fertigen Sie zur Verdeutlichung eine Skizze an.

8 **Bestimmen Sie** die Lösungen der folgenden Wurzelgleichungen.

9 **Bestimmen Sie** die Lösungen der folgenden Exponentialgleichungen.

10 **Bestimmen Sie** die Lösungen der folgenden trigonometrischen Gleichungen.

11 **Ermitteln Sie,** falls möglich, die Lösungen der folgenden linearen Gleichungssysteme.

12 (GTR) **Ermitteln Sie,** falls möglich, die Lösungen der folgenden linearen Gleichungssysteme mit dem GTR.

AFB II

13 **Entscheiden** und **begründen Sie,** ob die folgenden Vorschriften Funktionen sind.

14 **Prüfen Sie** die folgenden Funktionen auf Umkehrbarkeit und **geben Sie** ggf. die Gleichung der Umkehrfunktion **an.**

15 **Prüfen Sie** die folgenden Funktionen auf Symmetrie und **benennen Sie** ggf. die Art der Symmetrie.

16 **Benennen Sie** für die folgenden Gleichungen infrage kommende Lösungsverfahren.

17 **Benennen Sie** für die folgenden Funktionen infrage kommende Lösungsverfahren zur Bestimmung der Nullstellen von Polynomfunktionen. **Begründen Sie** Ihre Wahl.

18 **Lösen Sie** die folgenden Gleichungen mithilfe der Substitution, falls möglich.

19 **Bestimmen Sie** für die folgenden Funktionen die Nullstellen mithilfe des Newtonverfahrens.

20 **Bestimmen Sie** für die folgenden Funktionen mit Bruchterm den Definitionsbereich.

21 **Bestimmen Sie** die Lösungen der folgenden Bruchgleichungen.

1

Ordnen Sie den folgenden Funktionen die Begriffe Potenzfunktion, Wurzelfunktion und Umkehrfunktion zu und schreiben Sie die Wurzelausdrücke in die Potenzschreibweise um.

AFB I

M1 $p(x)=x;\ k(x)=\sqrt[3]{x^5};\ g(x)=\frac{1}{\sqrt{x}};\ u(x)=x^4;\ m(x)=\frac{1}{x^2};\ f(x)=\sqrt[4]{x}$

- Die Funktionen p und u sind Potenzfunktionen. Die Funktion m ist keine Potenzfunktion, sondern eine rationale Funktion.
- Die Funktionen k und f sind Wurzelfunktionen. Die Funktion g ist keine Wurzelfunktion, sondern eine rationale Funktion. In Potenzschreibweise ergeben sich $k(x)=x^{\frac{5}{3}}; g(x)=x^{-\frac{1}{2}}; f(x)=x^{\frac{1}{4}}$
- Die Funktion p ist identisch mit ihrer Umkehrfunktion; m ist Umkehrfunktion von g und umgekehrt; ebenso f und u.

2

Benennen Sie die Voraussetzungen für die Verwendung der *p*-*q*-Formel und ihre Ergebnismöglichkeiten.

AFB I

- **Voraussetzung** für die Anwendung ist die Einhaltung der Form $x^2+px+q=0$. D. h., vor dem x^2 darf kein negatives Vorzeichen und keine Zahl (außer 1 natürlich) stehen. Auf der anderen Seite der Gleichung muss immer 0 stehen. Zur Einhaltung der Voraussetzungen ist häufig eine entsprechende kleine Rechenoperation notwendig.
- Es gibt drei **mögliche Ergebnisse:**

1. Steht unter der Wurzel der Formel eine negative Zahl, haben Sie keine Lösung, auch nicht die Zahl, die vor der Wurzel steht.
2. Steht eine 0 unter der Wurzel, haben Sie eine Lösung.
3. Eine positive Zahl unter der Wurzel bedeutet zwei Lösungen.

3

AFB I

Ermitteln Sie für die folgenden Aufgaben mithilfe der Polynomdivision die Lösungen der Gleichungen bzw. die Nullstellen der Funktionen.

M1

a) $f(x) = x^3 - 7x^2 + 14x - 8$

b) $x^3 - 19x - 30 = 0$

c) $x^3 + 3x^2 - 25x + 21 = 0$

d) $h(x) = -x^3 - 3x^2 + 2$

Lösungsschritte zu Aufgabe a)

1. Zuerst muss eine Lösung für $x^3 - 7x^2 + 14x - 8 = 0$ gefunden werden. Kandidaten dafür sind alle ganzzahligen Teiler von -8, also $1; -1; 2; -2; 4; -4; 8$ und -8. Erster Versuch z. B. mit $x = 1 \Rightarrow f(1) = 1^3 - 7 \cdot 1^2 + 14 \cdot 1 - 8 = 0$; Treffer! Damit ist die erste Nullstelle $x_1 = 1$ bestimmt.
2. Diese ermöglicht die Bildung des Linearfaktors $(x - 1)$.
3. Es folgt die eigentliche Division:

$$\begin{aligned}
&(x^3 - 7x^2 + 14x - 8) : (x - 1) = x^2 - 6x + 8 \\
&\underline{-(x^3 - x^2)} \\
&\quad -6x^2 + 14x \\
&\quad \underline{-(-6x^2 + 6x)} \\
&\qquad\qquad 8x - 8 \\
&\qquad\qquad \underline{8x - 8} \\
&\qquad\qquad\quad 0
\end{aligned}$$

Polynomdivision

Beginnen Sie, indem Sie x^3 durch das x des Linearfaktors teilen und das Ergebnis, x^2, hinter dem Gleichzeichen notieren. Zur Fortsetzung multiplizieren Sie x^2 mit jeweils beiden Elementen des Linearfaktors, also mit x und -1, und schreiben die Ergebnisse unter den Term der ursprünglichen Gleichung. Achten Sie darauf, dass **gleiche Potenzen von x übereinander stehen.** Anschließend werden die neu berechneten Potenzen von den ursprünglichen abgezogen (Ergebnis hier: $-6x^2$). In dieser Weise gleichbleibend werden die weiteren Bearbeitungsschritte ausgeführt.

4. Das Ergebnis dieser Polynomdivision, $x^2 - 6x + 8$, wird gleich null gesetzt, um weitere Nullstellen berechnen zu können.
5. Mithilfe der *p*-*q*-Formel werden $x_2 = 2$ und $x_3 = 4$ ermittelt.

3

Fortsetzung: Ermitteln Sie für die folgenden Aufgaben mithilfe der Polynomdivision die Lösungen der Gleichungen bzw. die Nullstellen der Funktionen.

AFB I

Lösung zu b)

1. Zuerst muss eine Lösung für $x^3 - 19x - 30 = 0$ gefunden werden.

Kandidaten dafür sind alle ganzzahligen Teiler von -30, also $1; -1; 2; -2; 5; -5; 6; -6; 15; -15; 30$ und -30.

Erster Versuch z. B. mit $x = 1 \Rightarrow 1^3 - 19 \cdot 1 - 30 = 48 \neq 0$

Zweiter Versuch z. B. mit $x = -1 \Rightarrow (-1)^3 - 19 \cdot (-1) - 30 = -12 \neq 0$

Dritter Versuch z. B. mit $x = -2 \Rightarrow (-2)^3 - 19 \cdot (-2) - 30 = 0$; Treffer!

Damit ist die erste Nullstelle $x_1 = -2$ bestimmt.

2. Diese ermöglicht die Bildung des Linearfaktors $(x + 2)$.

3. Es folgt die eigentliche Division:

$(x^3 - 19x - 30) : (x + 2) = \ldots$

Tipp: Polynomdivision bei fehlendem x²

Dem Polynom fehlt das x mit der Potenz 2. Das ist nicht weiter problematisch, kann aber bei der Durchführung der Division zu Irritationen führen. Fügen Sie deshalb die fehlende Potenz mit einer Null davor in das Polynom ein und rechnen Sie wie gewohnt.

$$
\begin{array}{l}
(x^3 + 0x^2 - 19x - 30) : (x + 2) = x^2 - 2x - 15 \\
\underline{-(x^3 + 2x^2)} \\
\quad -2x^2 - 19x \\
\quad \underline{-(-2x^2 - 4x)} \\
\qquad\quad -15x - 30 \\
\qquad\quad \underline{-(-15x - 30)} \\
\qquad\qquad\quad 0
\end{array}
$$

$x^2 - 2x - 15 = 0$ liefert $x_2 = -3$ und $x_3 = 5$.

Lösungen zu c)

$x_1 = 1;\ x_2 = 3$ und $x_3 = -7$

Lösungen zu d)

$x_1 = -1;\ x_2 = -1 + \sqrt{3}\ (= 0{,}7321)$ und $x_3 = -1 - \sqrt{3}\ (= -2{,}7321)$

4

AFB I

Beschreiben Sie Sachverhalte, Merkmale und Zusammenhänge von Exponentialfunktionen und speziell der eulerschen Exponentialfunktion.

Die **Exponentialfunktion,** allgemein mit $\exp_a(x) = a^x$ ausgedrückt, hat die Basis a, die Variable steht im Exponenten. Zur Auflösung nach der Variablen bedarf es deshalb eines speziellen Hilfsmittels, der Logarithmusfunktion $\log_a(x)$. Diese ist damit auch Umkehrfunktion der Exponentialfunktion.

- Die Exponentialfunktion $\exp_a(x) = a^x$ ist auf ganz $\mathbb{R}$ streng monoton wachsend für $a > 1$ und auf ganz $\mathbb{R}$ streng monoton fallend für $a < 1$.
- Die Funktionswerte nehmen stets positive Zahlen an, folglich haben Exponentialfunktionen keine Nullstelle.
- Alle Graphen von Exponentialfunktionen $\exp_a(x) = a^x$ schneiden die W-Achse bei 1. Es gilt $a^0 = 1$.
- Die folgenden Schaubilder zeigen eine Auswahl von Exponentialfunktionen:

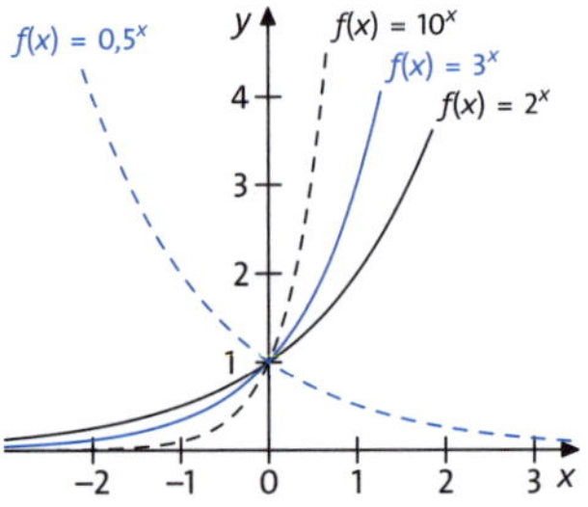

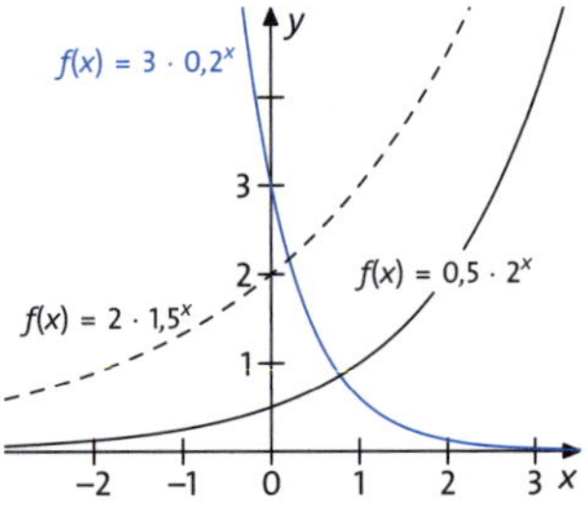

- Die Rechenregeln für das Rechnen mit Exponentialfunktionen lassen sich aus denen des einfachen Potenzrechnens übertragen, beispielsweise:

1. $\exp_a(x+y) = \exp_a(x) \cdot \exp_a(y)$
2. $\exp_a(-x) = \exp_{\frac{1}{a}}(x)$

Das Wachstum von z. B. Bakterienkulturen, die Halbwertszeiten radioaktiven Zerfalls, der Zinseszins u. v. m. lassen sich mit der Exponentialfunktion beschreiben. Hinsichtlich des Realitätsbezuges kommt der Exponentialfunktion innerhalb der Mathematik eine besondere Rolle zu.

Fortsetzung: Beschreiben Sie Sachverhalte, Merkmale und Zusammenhänge von Exponentialfunktionen und speziell der eulerschen Exponentialfunktion.

AFB I

- Eine wesentliche Eigenschaft der **eulerschen Exponentialfunktion** ist, dass sie mit ihrer eigenen Ableitung identisch ist. Das heißt auch, dass mit dem Funktionswert auch die Steigung an der Stelle des Graphen unmittelbar bekannt ist.
- Anhand der Zinseszinsformel $K_n = K_0(1 + p/100)^n$ soll das Zustandekommen der Euler'schen Zahl nachvollziehbar dargestellt werden:

Das Startkapital sei eine Geldeinheit mit $K_0 = 1$, der Zinssatz betrage 100 % mit $p = 100$ bzw. $p = 100/n$, wenn die Häufigkeit der Zinsberechnungen und Ausschüttungen n sei.
Bei jährlicher Ausschüttung errechnet sich erwartungsgemäß die Verdoppelung des eingesetzten Kapitals zu:
$K_1 = 1 \cdot (1+1)^1 = 2$
Bei halbjährlicher Ausschüttung mit $p = 100/2$ erhält man mehr:
$K_2 = 1 \cdot (1 + 1/2)^2 = 2{,}25$
Bei täglicher Ausschüttung mit $p = 100/365$ errechnet man:
$K_{365} = 1 \cdot (1 + 1/365)^{365} = 2{,}714567$
Die ersten 3 Ziffern der **eulerschen Zahl** werden sichtbar. Bei einer momentanen Ausschüttung mit $p = 100/n$ und $n \to \infty$ ermittelt man die eulersche Zahl:
$\mathrm{e} = \lim_{n \to \infty} (1 + 1/n)^n = 2{,}71828182884...$

Aus den beiden letztgenannten Punkten ist ablesbar, dass die eulersche Exponentialfunktion immer dann das Mittel der Wahl ist, wenn „momentane" Informationen, wie z. B. die aktuelle Wachstumsrate, gefragt sind.

Tipp

Besonders die **eulersche Exponentialfunktion,** kurz e-Funktion, erfreut sich als Basis von Prüfungsaufgaben großer Beliebtheit. Empfohlen wird, sich mit diesem Stoffgebiet ausführlich auseinanderzusetzen.

5

AFB I

Beschreiben Sie Sachverhalte, Merkmale und Zusammenhänge von Logarithmusfunktionen.

- Die Bedeutung der **Logarithmusfunktion** $\log_a(x)$ (sprich: „Logarithmus x zur Basis a") liegt darin begründet, dass mit ihr die Exponentialfunktion $\exp_a(x) = a^x$ nach x aufgelöst werden kann. Beide Arten von Funktionen sind zueinander Umkehrfunktionen.
- Der Definitionsbereich aller Logarithmusfunktionen ist $D = \mathbb{R}^+$.
- Alle Logarithmusfunktionen $b \cdot \log_a(x)$ haben eine gemeinsame Nullstelle bei $x = 1$.
- Die Schaubilder zeigen eine Auswahl von Logarithmusfunktionen:

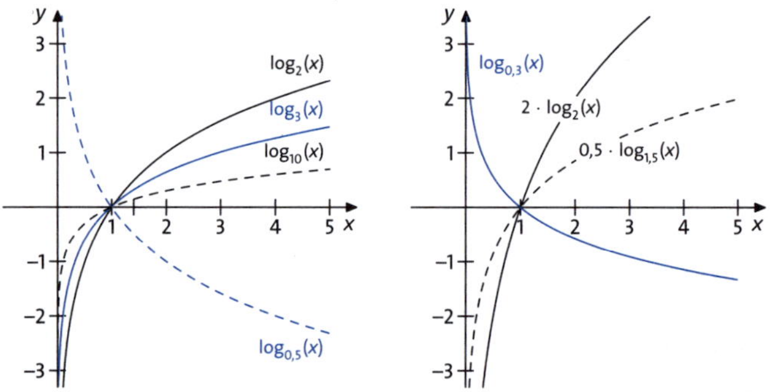

- Die Rechenregeln für das Rechnen mit Logarithmusfunktionen lassen sich aus denen des einfachen Potenzrechnens übertragen, beispielsweise:

1. $\log_a(a \cdot b) = \log_a(a) + \log_a(b)$
2. $\log_a(b^q) = q \cdot \log_a(b)$

- Der Logarithmus zur Basis 10, Schreibweise $\lg(x)$, heißt **dekadischer Logarithmus,** der zur Basis e, Schreibweise $\ln(x)$, wird **natürlicher Logarithmus** genannt.
- Zur Umrechnung von Logarithmen zu verschiedenen Basen kann folgende Formel verwendet werden:

$\log_a(x) = \log_b(x) : \log_b(a)$; a und b seien positive, reelle Zahlen ohne die Zahl 1 mit $x \in \mathbb{R}^+$.

Beschreiben Sie Sachverhalte, Merkmale und Zusammenhänge von trigonometrischen Funktionen.

AFB I

- Grundlage der trigonometrischen Funktionen sind der **Sinus** und der **Kosinus,** für die folgende wesentliche Aussagen gelten:

1. Sinus und Kosinus sind periodisch mit der Minimalperiode 2π.
2. Sinus ist eine ungerade Funktion, es gilt $\sin(-x) = -\sin(x)$.
3. Kosinus ist eine gerade Funktion, es gilt $\cos(-x) = \cos(x)$.
4. $\sin(x + \frac{\pi}{2}) = \cos(x)$
5. $\sin^2(x) + \cos^2(x) = 1$ (**Trigonometrischer Satz des Pythagoras,** anschaulich am Einheitskreis nachvollziehbar)
6. Die Nullstellen des Sinus sind alle ganzzahligen Vielfache von π $(n \cdot \pi, n \in \mathbb{Z})$.
7. Die Nullstellen des Kosinus sind alle ungeradzahlige Vielfache von $\frac{\pi}{2}$ $(n \cdot \frac{\pi}{2}, n \in \mathbb{Z})$.

- Der Tangens ist definiert als der Quotient von Sinus und Kosinus:

$$\tan(x) = \frac{\sin(x)}{\cos(x)}; \quad D = \mathbb{R} \setminus \left\{n \cdot \frac{\pi}{2}, n \in \mathbb{Z}\right\}.$$

- Für Berechnungen und Aussagen werden die Winkelangaben üblicherweise im **Bogenmaß** verwendet.

Tipp: Lösen trigonometrischer Gleichungen

Die Lösung trigonometrischer Gleichungen gelingt häufig nicht unmittelbar, sondern führt über Argumentationen mit mathematischen Aussagen, die in diesem Stoffgebiet in vielfältiger Auswahl vorliegen. In diesem Zusammenhang sei auf die zahlreichen **Beziehungen zwischen den Winkelfunktionen** hingewiesen, wie z. B. die Additionstheoreme und die Winkelverdopplungsformeln. Diese finden sich in gut sortierten Formelsammlungen (z. B. Duden Formelsammlung extra Mathematik). Dennoch ist es empfehlenswert, diese speziellen Umformungsmethoden zu üben.

- **Additionstheorem,** z. B.: $\sin(x + y) = \sin(x)\cos(x) + \cos(x)\sin(x)$.
- **Winkelverdopplungsformel,** z. B.: $\sin(2x) = 2\sin(x)\cos(x)$.
- „Trigonometrischer Satz des Pythagoras", siehe oben.

Weitere Beziehungen zwischen den Winkelfunktionen, z. B. $\sin 2\alpha = 2\sin\alpha\cos\alpha$.

7

AFB I

Erläutern Sie die Auswirkungen der vier Konstanten der allgemeinen Sinusfunktion $s(x) = a \cdot \sin(bx + c) + d$. Fertigen Sie zur Verdeutlichung eine Skizze an.

Es seien a, b, c, d reelle Konstanten. Es lassen sich folgende Aussagen treffen (vergleiche dazu die Schaubilder unten):

- Die Konstante a bewirkt eine **Streckung** $(a > 1)$ oder **Stauchung** $(0 \leq a < 1)$ in Richtung der y-Achse. Ist a negativ, erfolgt zusätzlich eine Spiegelung an der x-Achse.
- Die Konstante b bewirkt eine Streckung $(b > 1)$ oder Stauchung $(0 < b < 1)$ in Richtung der x-Achse. Ist b negativ, erfolgt zusätzlich eine **Spiegelung** an der x-Achse. Die Funktion s hat die Minimalperiode $\frac{2\pi}{|b|}$.
- Die Konstante c bewirkt eine Verschiebung in horizontaler Richtung nach links $(c > 0)$ oder nach rechts $(c < 0)$.
- Die Konstante d bewirkt eine Verschiebung in vertikaler Richtung nach oben $(d > 0)$ oder nach unten $(d < 0)$.

Skizze:

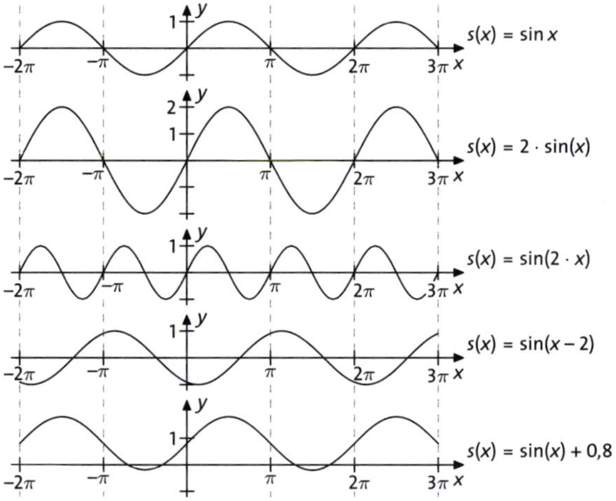

8

Bestimmen Sie die Lösungen der folgenden Wurzelgleichungen.

AFB I

M1

a) $\sqrt{x-3}=2$

b) $\sqrt{13-2x}=\sqrt{x+10}$

c) $2\sqrt{2x-3}=\sqrt{4x^2-8x}$

d) $\sqrt{x+\sqrt{5x-10}}=\sqrt{2}$

Lösung zu a)

■ Quadrieren beider Seiten ergibt die lineare Gleichung $x-3=4$ mit der Lösung $x=7$.

■ Zur Prüfung wird die Lösung in die Ausgangsgleichung eingesetzt, auf beiden Seiten ergibt sich der Wert 2, also ist die berechnete Lösung die tatsächliche.

Lösung zu b)

■ Quadrieren beider Seiten ergibt die lineare Gleichung $13-2x=x+10$ mit der Lösung $x=1$.

■ Zur Prüfung wird die Lösung in die Ausgangsgleichung eingesetzt, auf beiden Seiten ergibt sich der Wert $\sqrt{11}$, also ist die berechnete die tatsächliche Lösung.

Lösung zu c)

■ Quadrieren beider Seiten ergibt die quadratische Gleichung $8x-12=4x^2-8x$, also $4x^2-16x+12=0$ mit den Lösungen $x_1=3$ und $x_2=1$.

■ Zur Prüfung wird die Lösung $x_1=3$ in die Ausgangsgleichung eingesetzt, auf beiden Seiten ergibt sich $2\sqrt{3}=\sqrt{12}$, also ist diese berechnete die tatsächliche Lösung.

■ Die Prüfung der Lösung $x_2=1$ ergibt auf der linken Seite den Ausdruck $2\sqrt{-1}$, der in $\mathbb{R}$ nicht definiert ist. x_2 ist also nur eine **Scheinlösung**.

Lösung zu d)

■ Zweifaches Quadrieren und Umformen ergibt die quadratische Gleichung $x^2-9x+14=0$ mit den Lösungen $x_1=2$ und $x_2=7$.

■ Die Prüfung bestätigt $x_1=2$ als tatsächliche Lösung, hingegen liefert das Einsetzen von $x_2=7$ den Ausdruck $\sqrt{12}=\sqrt{2}$, der keine Gleichung darstellt, demnach ist x_2 nur eine Scheinlösung.

9

AFB I

Bestimmen Sie die Lösungen der folgenden Exponentialgleichungen.

M1

a) $2^{x+3}+5\cdot 2^{x+1}-144=0$

b) $e^x+e^{-x}=2$

c) $e^{x+1}-e^x=1$

d) $4^{x+2}=(4e)^x$

Lösung zu a)

- Die Anwendung der Potenzregeln ergibt $2^3\cdot 2^x+10\cdot 2^x-144=0$.
- Ausklammern von 2^x ergibt $2^x\cdot(8+10)-144=0$, nach Umstellen bleibt $2^x=8$.
- Falls man sie nicht schon weiß, erhält man die Lösung $x=3$ durch Logarithmieren.

Lösung zu b)

- Substitution mit $e^x=z$ ergibt $z+\frac{1}{z}=2$ mit $z\neq 0$.
- Multiplizieren mit z führt zu $z^2-2z+1=0$ mit der Lösung $z=1$.
- Resubstitution mit $e^x=1$ ergibt die Lösung der Gleichung $x=0$.

Lösung zu c)

- Die Anwendung der Potenzregeln ergibt $e^x\cdot e-e^x=1$.
- Ausklammern von e^x und Umstellen liefert $e^x=\frac{1}{e-1}$.
- Die Lösung wird durch Logarithmieren ermittelt zu $x=\ln\left(\frac{1}{e-1}\right)\approx -0{,}541$.

Lösung zu d)

- Die Anwendung der Potenzregeln ergibt $4^x\cdot 4^2=4^x\cdot e^x$.
- Division durch 4^x (da stets gilt: $4^x>0$) liefert $e^x=16$.
- Die Lösung wird durch Logarithmieren ermittelt zu $x=\ln 16\approx 2{,}773$.

10

Bestimmen Sie die Lösungen der folgenden trigonometrischen Gleichungen.

AFB I

M1

a) $\frac{1}{1-\cos(x)}=\cos(x)$ b) $\cos(2x)+\cos(x)=0,\ x\in[0,2\pi)$ c) $\sin(2x)=-\sin(x),\ x\in[0,4\pi)$

Lösung zu a)

■ Multiplizieren mit dem Nenner ergibt $1=\cos(x)-\cos^2(x)$.

■ Durch Substitution mit $\cos(x)=z$ und Umstellen wird $z^2-z+1=0$ ermittelt. Diese Gleichung hat keine Lösung für $x\in\mathbb{R}$, also hat auch die ursprüngliche Gleichung keine Lösung.

Lösung zu b)

■ Aus der Formelsammlung entnehmen wir den Zusammenhang $\cos(2x)=\cos^2(x)-\sin^2(x)$. So eliminiert man den Ausdruck mit dem Doppelwinkel $2x$.

■ Mithilfe des Satzes des Pythagoras $\sin^2(x)+\cos^2(x)=1$, der nach $\sin^2(x)$ umgestellt und in $\cos^2(x)-\sin^2(x)$ eingesetzt wird, ergibt sich ein Ausdruck, der nur Potenzen von $\cos(x)$ enthält.

■ Die Berücksichtigung der vorgenannten Maßnahmen in der ursprünglichen Gleichung führt zu $\cos^2(x)-(1-\cos^2(x))+\cos(x)=0$. Daraus folgt $2\cos^2(x)+\cos(x)-1=0$.

■ Substitution mit $\cos x=z$ liefert $2z^2+z-1=0$. Diese Gleichung hat die Lösungen $z_1=\frac{1}{2}$ und $z_2=-1$.

■ Resubstitution mit $\cos(x)=\frac{1}{2}$ liefert die Lösungen innerhalb des angegebenen Intervalls mit $x_1=\frac{\pi}{3}$ und $x_2=\frac{5\pi}{3}$, $\cos(x)=(-1)$ liefert $x_3=\pi$.

Lösung zu c)

■ Aus einer Formelsammlung entnehmen wir den Zusammenhang $\sin(2x)=2\cos(x)\sin(x)$.

■ Einsetzen in die ursprüngliche Gleichung und Umstellen ergibt $2\sin(x)\cos(x)=-\sin(x)\Rightarrow 2\sin(x)\cos(x)+\sin(x)=0\Rightarrow \sin(x)\cdot(2\cos(x)+1)=0$.
Die Ausdrücke des Produktes können getrennt betrachtet werden, aus $\sin(x)=0$ ergeben sich die Lösungen $x_1=0$ und $x_2=2\pi$, aus $2\cos(x)+1=0$ folgen $x_3=\frac{4\pi}{3}$ und $x_4=\frac{8\pi}{3}$.

11

AFB I

Ermitteln Sie, falls möglich, die Lösungen der folgenden linearen Gleichungssysteme.

M1

a)
$$\begin{aligned} 3a-2b-8c&=0\\ a+b-c&=5\\ -2a+b+5c&=-1 \end{aligned}$$

b)
$$\begin{aligned} 4x_1-4x_2+3x_3&=-13\\ 3x_1+2x_2-x_3&=2\\ -5x_1-3x_2+6x_3&=2 \end{aligned}$$

c)
$$\begin{aligned} 3x+2y-3z&=4\\ -x+2y-3z&=2\\ 3x-4y+6z&=-2 \end{aligned}$$

d)
$$\begin{aligned} a+b+c+d&=14\\ 2a+3b+5c-4d&=20\\ 5a+4b-5c-2d&=25\\ 3a-2b+2c-5d&=-4 \end{aligned}$$

Lösung zu a)

■ Gezeigt wird der Lösungsweg nach dem **Gauß-Verfahren.**

■ Die Rechnung wird einfacher, wenn der Koeffizient vor der ersten Variable in der ersten Zeile den Wert 1 hat. Bei Gelegenheit ermöglicht dies ein Tausch der Zeilen, wie in diesem Fall:

$$\begin{aligned} a+b-c&=5\\ 3a-2b-8c&=0\\ -2a+b+5c&=-1 \end{aligned}$$

■ Die erste Variable a der zweiten und dritten Zeile wird eliminiert, indem die mit 3 multiplizierte erste Gleichung von der zweiten subtrahiert und die mit 2 multiplizierte erste Gleichung zur dritten addiert wird:

$$\begin{aligned} a+b-c&=5\\ -5b-5c&=-15\\ 3b+3c&=9 \end{aligned}$$

■ Die zweite Variable der dritten Zeile wird eliminiert, indem die mit 3 multiplizierte zweite Gleichung zur mit 5 multiplizierten dritten addiert wird:

$$\begin{aligned} a+b-c&=5\\ -5b-5c&=-15\\ 0&=0 \end{aligned}$$

Fortsetzung: Ermitteln Sie, falls möglich, die Lösungen der folgenden linearen Gleichungssysteme.

AFB I

Aus der letzten Zeile folgt, dass das LGS unendlich viele Lösungen hat und die Variable c frei wählbar ist. Eingesetzt in die zweite Zeile ergibt sich nach Umformen $b = 3 - c$, aus der ersten Zeile erhält man $a = 2 + 2c$. Die Lösungsmenge ist $\mathbb{L} = \{(2 + 2c; 3 - c; c)\}$.

Tipp

Das **Gauß-Verfahren** bietet eine strukturierte Methode, lineare Gleichungssysteme sicher einem Ergebnis zuzuführen. Selbstverständlich führen auch andere Wege und Verfahren zu dem gleichen Ergebnis. Empfehlenswert ist, für sich selbst ein sicher funktionierendes Verfahren zu finden und regelmäßig zu verwenden.

Lösung zu b)

- Die Lösungen des LGS sind $x_1 = -1, x_2 = 3$ und $x_3 = 1$.

Lösung zu c)

- Mit dem Gauß-Verfahren bearbeitet ist das Ergebnis der letzten Zeile $0 = 6$. Dieser Widerspruch kennzeichnet, dass das LGS keine Lösung hat.

Lösung zu d)

- Die Lösungsmenge des LGS ist $\mathbb{L} = \{(5; 4; 2; 3)\}$

Tipp

Deuten Sie sicher die möglichen Ergebnisse eines linearen Gleichungssystems, die nicht so häufig sind. **Unendlich viele Lösungen** liegen immer dann vor, wenn Ergebnisse wie z. B. $5 = 5, 0 = 0$ oder $x = x$ vorkommen. Hat das lineare Gleichungssystem **keine Lösung,** erkennt man das an widersprüchlichen Ausdrücken, wie z. B. $3 = -4$ oder $0 = 9$.

12

AFB I

GTR

Ermitteln Sie, falls möglich, die Lösungen der folgenden linearen Gleichungssysteme mit dem GTR.

M1

a)
$$\begin{aligned} 2x+3y+5z&=12\\ -3x+y-8z&=-9\\ 3x+6y+z&=-5 \end{aligned}$$

b)
$$\begin{aligned} 8x-2y-4z&=6\\ -2x+y+3z&=-6\\ 3x-y-2z&=2 \end{aligned}$$

c)
$$\begin{aligned} 15x+9y-6z&=-12\\ -10x-6y+4z&=8\\ 25x+15y-10z&=-20 \end{aligned}$$

d)
$$\begin{aligned} 6x+4y-2z&=-4\\ 10x-6y+4z&=-5\\ 2x+14y-8z&=-4 \end{aligned}$$

Lösung zu a)

Koeffizientenmatrix:

```
[A]
   [[2  3 5  12]
    [-3 1 -8 -9]
    [3  6 1  -5]]
```

Lösung:

```
rref([A]
    [[1 0 0 -7]
     [0 1 0 2 ]
     [0 0 1 4 ]]
```

Die Lösungen des LGS sind $x=-7$, $y=2$ und $z=4$.

Lösung zu b)

Koeffizientenmatrix:

```
[A]
  [[8  -2 -4 6 ]
   [-2 1  3  -6]
   [3  -1 -2 2 ]]
```

Lösung:

```
rref([A]
    [[1 0 0 1 ]
     [0 1 0 11]
     [0 0 1 -5]]
```

Die Lösungen des LGS sind $x=1$, $y=11$ und $z=-5$.

12

Fortsetzung: Ermitteln Sie, falls möglich, die Lösungen der folgenden linearen Gleichungssysteme mit dem GTR.

AFB I

GTR

Lösung zu c)

Koeffizientenmatrix:

```
[A]
[[15  9   -6   -1…
 [-10 -6  4    8 …
 [25  15  -10  -2…
```

Lösung:

```
[[1 .6  -.4  -.8]
 [0 0   0    0  ]
 [0 0   0    0  ]]
Ans▸Frac
[[1 3/5  -2/5  -4…
 [0 0    0     0 …
 [0 0    0     0 …
```

Aus den beiden letzten Zeilen folgt, dass das LGS unendlich viele Lösungen hat und die Variablen y und z frei wählbar sind. Eingesetzt in die 1. Zeile ergibt sich nach Umformen $x=-\frac{3}{5}y+\frac{2}{5}z-4$.

Die Lösungsmenge ist $\mathbb{L}=\left\{\left(x=-\frac{3}{5}y+\frac{2}{5}z-4;\, y;\, z\right)\right\}$.

Lösung zu d)

Koeffizientenmatrix:

```
[A]
 [[6  4   -2  -4]
  [10 -6  4   -5]
  [2  14  -8  -4]]
```

Lösung:

```
[[1 0 .05263157…
 [0 1 -.5789473…
 [0 0 0         …
Ans▸Frac
[[1 0 1/19     0]
 [0 1 -11/19   0]
 [0 0 0        1]]
```

Die letzte Zeile $0=1$ ist nicht erfüllbar, das LGS hat daher keine Lösung.

13

AFB II

Entscheiden und begründen Sie, ob die folgenden Vorschriften Funktionen sind.

M1

a) $f:\mathbb{R} \rightarrow \mathbb{R}, f(x) = x$

b) $f:[-1,1] \rightarrow \mathbb{R}, f(x) = \frac{1}{x}$

c) $f:[-10,10] \rightarrow \mathbb{R}, f(x) = \sqrt{x}$

d) $f:\mathbb{N} \rightarrow \mathbb{N}, f(x) = \frac{x}{2}$

Lösung zu a)

Die Vorschrift ist eine Funktion, da jedem Element des Definitionsbereiches $\mathbb{R}$ ein eindeutig bestimmtes Element des Wertevorrates $\mathbb{R}$ zugeordnet wird.

Lösung zu b)

Die Vorschrift ist keine Funktion, denn dem Element $x = 0$ aus dem Definitionsbereich $[-1,1]$ kann kein Funktionswert zugeordnet werden.

Lösung zu c)

Die Vorschrift ist keine Funktion, da der Definitionsbereich negative Zahlen enthält, aus diesen aber keine Wurzel gezogen werden kann, deren Lösung im Bereich des Wertevorrates $\mathbb{R}$ liegt.

Lösung zu d)

Die Vorschrift ist keine Funktion, denn durch Einsetzen von Zahlen aus dem Definitionsbereich $\mathbb{N}$ in die Funktionsgleichung ergeben sich auch Bruchzahlen, die nicht in dem Wertevorrat $\mathbb{N}$ enthalten sind.

Tipp

Es lohnt sich, sich mit dieser Thematik auseinanderzusetzen. Zum einen, um mathematische Ausdrücke sicherer entschlüsseln zu können. Zum anderen, um in umfangreicheren Aufgaben der Analysis ein Augenmerk auf solche Informationen zu haben, die in diesen Ausdrücken enthalten sind, aber nicht unmittelbar erkennbar sind.

14

Prüfen Sie die folgenden Funktionen auf Umkehrbarkeit und geben Sie ggf. die Gleichung der Umkehrfunktion an.

AFB II

M1

a) $f:\mathbb{R}\to\mathbb{R}, f(x)=3x-17$

b) $g:\mathbb{R}\setminus\{0\}\to\mathbb{R}\setminus\{0\}, g(x)=\frac{1}{x}$

c) $h:\mathbb{R}\to\mathbb{R}, h(x)=x^2$

d) $k:[0,\infty[\to[0,\infty[, k(x)=x^2$

Lösung zu a)

Die Funktion f ist umkehrbar, da sie im gesamten Definitionsbereich $\mathbb{R}$ streng monoton steigend ist. Die Ermittlung der Umkehrfunktion gelingt, indem $y=3x-17$ nach x aufgelöst wird und anschließend x und y vertauscht werden:

$$f^{-1}(x)=y=\frac{x}{3}+\frac{17}{3}$$

Das y wird üblicherweise nicht mehr mitnotiert, es ist hier der Nachvollziehbarkeit wegen vorhanden.

Lösung zu b)

Die Funktion g ist umkehrbar, da sie im gesamten Definitionsbereich $\mathbb{R}\setminus\{0\}$ streng monoton fallend ist. Die Umkehrfunktion wird ermittelt mit:

$$g^{-1}(x)=\frac{1}{x}$$

Lösung zu c)

Die Funktion h ist nicht umkehrbar, da sie sowohl streng monoton fällt (für $x<0$) als auch streng monoton steigt (für $x>0$). Zwar gelingt die Ermittlung der Umkehrfunktion mit $h^{-1}(x)=\sqrt{x}$, doch hat sie keine reellen Lösungen für die negativen Elemente des Definitionsbereichs $\mathbb{R}$.

Lösung zu d)

Die Funktion k ist umkehrbar, da sie im gesamten Definitionsbereich $[0,\infty[$ streng monoton steigt. Die Ermittlung der Umkehrfunktion gelingt mit $k^{-1}(x)=\sqrt{x}$.

Tipp

Das Thema Umkehrfunktionen kommt immer mal wieder „beiläufig" in den Aufgaben der Analysis vor.

15

AFB II

Prüfen Sie die folgenden Funktionen auf Symmetrie und benennen Sie ggf. die Art der Symmetrie. Veranschaulichen Sie Ihre Überlegungen.

M1

a) $f(x) = x^3 + \sin x$

b) $g(x) = |x| \cdot \cos x$

c) $h(x) = f_1(x) \cdot f_2(x)$, wobei $f_1(x)$ und $f_2(x)$ ungerade Funktionen sind.

d) $k(x) = x^2 + x^3$

Lösung zu a)

Die Funktionen $\sin x$ und x^3 sind jeweils ungerade Funktionen, also auch ihre Summe:

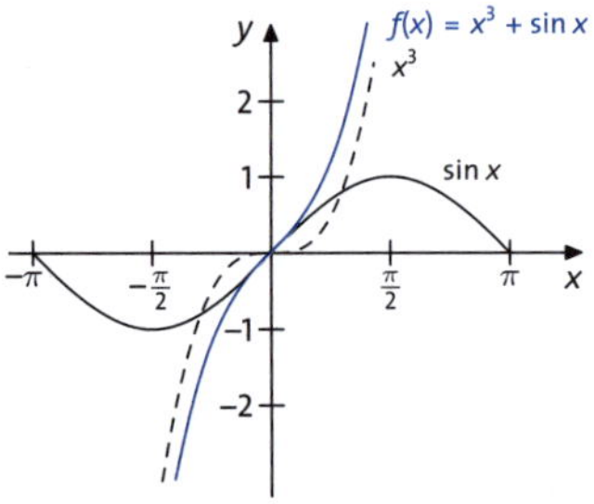

Lösung zu b)

Die Funktionen $|x|$ und $\cos x$ sind jeweils gerade Funktionen, also auch ihr Produkt:

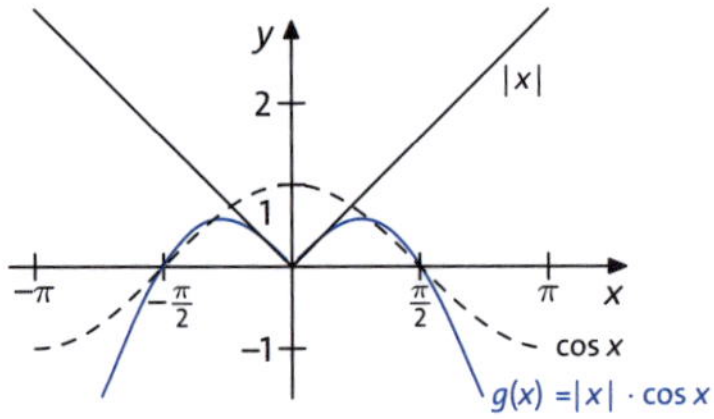

Fortsetzung: Prüfen Sie die folgenden Funktionen auf Symmetrie und benennen Sie ggf. die Art der Symmetrie. Veranschaulichen Sie Ihre Überlegungen.

AFB II

Lösung zu c)

Das Produkt zweier ungerader Funktionen ist eine gerade Funktion, denn:
$h(-x) = f_1(-x) \cdot f_2(-x) = (-f_1(x)) \cdot (-f_2(x)) = h(x)$
Veranschaulicht sei der Sachverhalt an diesem Beispiel:

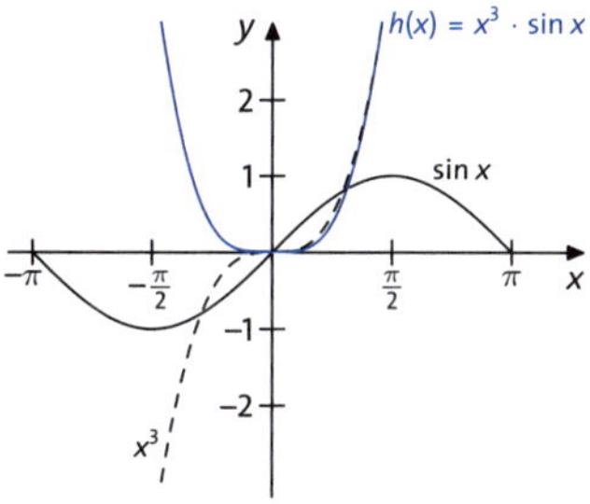

Lösung zu d)

Die Funktion k weist keine Symmetrie auf. Beispielsweise ist $k(1) = 2$ und $k(-1) = 0$, es gilt also für $x = 1$ weder $k(x) = k(-x)$ noch $k(x) = -k(-x)$.

Tipp

Der Begriff **gerade** ist gleichbedeutend mit achsensymmetrisch zur y-Achse, der Begriff **ungerade** mit punktsymmetrisch zum Ursprung.
Die Untersuchung auf Symmetrie ist auch Teil der Funktionsuntersuchung (siehe Kapitel 4).

16

AFB II

Benennen Sie für die folgenden Gleichungen infrage kommende Lösungsverfahren.

M1

a) $\sqrt{x} = \sqrt{x^2 + 2x + 1}$

b) $2\cos^2(x) + \cos(x) - 1 = 0, x \in [0, 2\pi]$

c) $e^x + e^{-x} = 2$

d) $2^{x+2} - 6 \cdot 2^{x+1} = -64$

Lösung zu a)

- Quadrieren
- Umstellen und Anwenden der p-q-Formel

Tipp

Quadrieren ist keine Äquivalenzumformung. Das bedeutet, dass die berechneten Lösungen nicht immer die tatsächlichen Lösungen der Gleichung sind. Deshalb ist die **Prüfung der Ergebnisse** durch Einsetzen in die Ursprungsgleichung immer Teil dieses Rechenverfahrens.

Lösung zu b)

- Substitution mit $\cos x = z$
- Anwenden der p-q-Formel
- Resubstitution

Lösung zu c)

- Substitution mit $e^x = z$
- Umstellen nach der Variable z
- Resubstitution

Lösung zu d)

- Trennung von Zahl und Variable im Exponenten durch Anwenden der Potenzgesetze
- Zusammenfassen und Umstellen
- Logarithmieren

Tipp

Das **Erkennen der Anwendbarkeit** von Substitution und Potenzgesetzen sollte neben den Verfahren selbst ausreichend geübt werden, da dies nicht selten den wichtigen Einstieg in die Lösung einer Aufgabe bedeutet.

17

Benennen Sie für die folgenden Funktionen infrage kommende Lösungsverfahren zur Bestimmung der Nullstellen von Polynomfunktionen. Begründen Sie Ihre Wahl.

AFB II

M1

a) $s(x) = 3x^6 - 5x^3 + 11$
b) $h(x) = x^3 - 19x - 30$
c) $p(x) = x^4 + 18x^2 + 81x$
d) $m(x) = x^3 + x^2 - x + 1$

Lösung zu a)

- Substitution, da die übrige(n) Potenz(en) mindestens das Doppelte der kleinsten Potenz ist (sind). Hier wird mit $x^3 = z$ substituiert. (Funktion vorher „= 0" setzen)
- Anschließend: Anwenden der *p*-*q*-Formel, dann Resubstitution
- Alternative: Newtonverfahren (universell einsetzbar)

Lösung zu b)

- Polynomdivision, da ein Absolutglied vorhanden ist, eine Substitution aber ausscheidet (Funktion vorher „= 0" setzen) oder
- Newtonverfahren, hier eine echte Alternative, da dem Funktionsterm nicht anzusehen ist, ob eine Polynomdivision funktioniert

Tipp

Wer im Falle einer Funktion wie *h* gleich das **Newtonverfahren** verwendet, hat häufig Glück und findet **alle ganzzahligen Nullstellen** schon bei der Suche nach dem Startwert mithilfe der Wertetabelle.

Lösung zu c)

- Ausklammern, da kein Absolutglied vorhanden ist. Ausgeklammert wird die kleinste vorhandene Potenz von x, hier x (Funktion vorher „= 0" setzen)
- Anschließend: Polynomdivision (alternativ: Newtonverfahren)
- Alternative: Newtonverfahren von Beginn an (universell einsetzbar)

Lösung zu d)

- Newtonverfahren, da Substitution und Ausklammern nicht infrage kommen und Polynomdivision hier nicht funktioniert. Man erkennt relativ schnell an der Konstellation von Vorzeichen und Potenzen, dass weder $x = 1$ noch $x = -1$ Nullstellen von m sind.

18

AFB II

Lösen Sie die folgenden Gleichungen mithilfe der Substitution, falls möglich.

M1

a) $0 = x^4 + 6x^2 + 9$

b) $e^{4x} - 5e^{2x} + 6 = 0$

c) $\sin^2(x) - 3\sin(x) + 2 = 0, x \in [0, 2\pi]$

d) $\sin^3(x) + \sin(x) = 0, x \in \mathbb{R}$

Lösung zu a)

1. Substitution mit $x^2 = z$ ergibt $0 = z^2 + 6z + 9$.
2. Anwendung der p-q-Formel: $z_{1,2} = -\frac{6}{2} \pm \sqrt{3^2 - 9} \Rightarrow$ eine Lösung für z, $z_1 = -3$.
3. Resubstitution mit $x^2 = -3$ hat keine Lösung für $x \in \mathbb{R}$, somit hat auch die Gleichung keine Lösung.

Lösung zu b)

1. Substitution mit $e^{2x} = z$ ergibt $z^2 - 5z + 6 = 0$.
2. Die Anwendung der p-q-Formel liefert die Lösungen $z_1 = 2$ und $z_2 = 3$.
3. Aus der Resubstitution mit $e^{2x} = 2$ und $e^{2x} = 3$ ermittelt man die Lösungen der Ausgangsgleichung zu $x_1 = \frac{\ln(2)}{2} \approx 0,347$ und $x_2 = \frac{\ln(3)}{2} \approx 0,549$.

Lösung zu c)

1. Substitution mit $\sin(x) = z$ ergibt $z^2 - 3z + 6 = 2$.
2. Die Anwendung der p-q-Formel liefert die Lösungen $z_1 = 1$ und $z_2 = 2$.
3. Aus der Resubstitution mit $\sin(x) = 1$ ermittelt man die einzige Lösung der Ausgangsgleichung zu $x_1 = \frac{\pi}{2}$. $\sin(x) = 2$ führt zu keiner Lösung, da die Funktionswerte des Sinus nicht größer als 1 sind.

Lösung zu d)

1. Substitution mit $\sin(x) = z$ ergibt $z^3 + z = 0$.
2. Ausklammern $z \cdot (z^2 + 1) = 0$ führt zur einzigen Lösung $z = 0$.
3. Die Resubstitution mit $\sin(x) = 0$ ist erfüllt für alle ganzzahligen Vielfache von π. Die Lösungsmenge auf $\mathbb{R}$ lässt sich wie folgt festhalten: $\mathbb{L} = \{x; x = k \cdot x; k \in \mathbb{Z}\}$.

19

Bestimmen Sie für die folgenden Funktionen die Nullstellen mithilfe des Newtonverfahrens.

AFB II

M1

a) $m(x) = x^3 + x^2 - x + 1$ b) $f(x) = \cos(x) - x$; Startwert $x_0 = 1$
c) Schnittstellenberechnung von $k(x) = 2x - 3$ und $r(x) = -x + 1$, Ermittlung von x_{17}, Startwert x_0 beliebig.

Lösung zu a)

1. Ist kein Startwert vorgegeben, stellt man eine Wertetabelle in einem Intervall $I = [-5,5]$ zusammen. Den Startwert wählt man dann zwischen den benachbarten x, deren Funktionswerte einen Vorzeichenwechsel aufweisen. In dem Bereich zwischen zwei verschiedenen Vorzeichen muss der Graph die x-Achse schneiden. Gegebenenfalls muss das Intervall größer gewählt werden oder die Abstände sind kleiner als ganzzahlig zu wählen.
In diesem Fall liegt die Nullstelle zwischen $x = -1$ und $x = -2$. Man wählt einen Startwert aus, z. B. $x_0 = -1{,}5$.
2. Vor Berechnung des ersten Näherungswertes muss noch die Ableitung der Ausgangsfunktion m gebildet werden, zu $m'(x) = 3x^2 + 2x - 1$.
3. Die Formel des Newtonverfahrens lautet: $x_{n+1} = x_n - \dfrac{f(x_n)}{f'(x_n)}$ mit

$n = 0,1,2,3,4,...$ Das Ergebnis einer Rechnung wird wieder in die Formel eingesetzt und es wird ein weiteres Ergebnis ermittelt. So lange, bis idealerweise keine zahlenmäßige Veränderung im Ergebnis mehr auftritt.
4. Mit dem Startwert x_0 lautet der erste Rechenschritt:

$x_1 = x_0 - \dfrac{x_0^3 + x_0^2 - x_0 + 1}{3x_0^2 + 2x_0 - 1}$, x_1 wird berechnet zu

$x_1 = (-1{,}5) - \dfrac{1{,}375}{2{,}75} = -2$, damit x_2 zu

$$x_2 = (-2) - \frac{(-1)}{7} = -1{,}85714286$$

$$x_3 = (-1{,}85714286) - \frac{(-0{,}09912536)}{5{,}63265306} = -1{,}83954451$$

$$x_4 = (-1{,}83954451) - \frac{(-0{,}001141033)}{5{,}47268302} = -1{,}83928681$$

Ist ein Ergebnis auf zwei Nachkommastellen genau gefragt, kann die Berechnung hier abgebrochen werden, da die dritte Nachkommastelle sich nicht mehr verändert.

5. Die Nullstelle wird ermittelt zu $x \approx -1{,}84$.

Lösung zu b)

1. Mit dem Startwert $x_0 = 1$ (Bogenmaß!) lautet die erste Näherung: $x_1 = 1 - \frac{\cos(1) - 1}{-\sin(1) - 1} = 0{,}7503639$, entsprechend erfolgt die Berechnung der weiteren Näherungswerte:
$x_2 = 0{,}7391129$
$x_3 = 0{,}7390851$
$x_4 = 0{,}7390851$
2. Die Nullstelle wird ermittelt zu $x \approx 0{,}74$.

Lösung zu c)

1. Um die Schnittstelle zweier Funktionen zu berechnen, muss die Differenz beider Funktionen gebildet werden. Diese lautet: $u(x) = 3x - 4$. Jetzt kann man auch sagen, dass man die Nullstelle der Funktion u berechnet.

2. Mit $u'(x) = 3$ und einem Startwert von z. B. $x_0 = 1$ ergibt sich die erste Näherung zu $x_1 = 1 - \frac{(-1)}{3} = \frac{4}{3}$. Dieser Wert verändert sich durch erneutes Einsetzen in die Formel nicht mehr.

3. Damit ist auch $x_{17} = \frac{4}{3}$. Dort liegt ebenso die Schnittstelle von k und r bzw. die Nullstelle von u.

4. Es kann gesagt werden, dass der Startwert beliebig ist, weil man direkt oder sehr rasch auf den konstanten Wert $x = \frac{4}{3}$ stößt.

20

Bestimmen Sie für die folgenden Funktionen mit Bruchterm den Definitionsbereich.

AFB II

M1

a) $w(x)=\frac{17x^{20}-2}{x-1}$ b) $f(x)=\frac{3x^3-2x+5}{x^2+1}$ c) $h(x)=\frac{1}{x}$

d) $k(x)=\frac{e^x}{\sin(x)}$ e) $p(x)=\frac{7x}{\sqrt{x}}$ f) $r(x)=\frac{x^2-1}{x-1}$

Lösung zu a)

Der Nenner der rationalen Funktion w darf nicht 0 werden. Das wäre der Fall für $x=1$. Das ist im Definitionsbereich zu berücksichtigen, dieser lautet $D=\mathbb{R}\setminus\{1\}$.

Lösung zu b)

Der Nenner der rationalen Funktion f wird nie Null, deshalb ist der Definitionsbereich ohne Einschränkung $D=\mathbb{R}$.

Lösung zu c)

Der Nenner der rationalen Funktion h wird Null für $x=0$, entsprechend lautet der Definitionsbereich $D=\mathbb{R}\setminus\{0\}$.

Lösung zu d)

Die Funktion k ist keine rationale Funktion, da weder der Zähler noch der Nenner ein Polynom ist. Die Definitionslücken der Funktion k liegen bei $x=0$ und allen Vielfachen von π. Der Definitionsbereich lautet $D=\mathbb{R}\setminus\{n\cdot\pi, n\in\mathbb{Z}\}$.

Lösung zu e)

Die Funktion p ist keine rationale Funktion, da der Nenner kein Polynom ist. Da der Nenner für den negativen Bereich von $\mathbb{R}$ nicht definiert ist, ergibt sich der Definitionsbereich zu $D=\mathbb{R}\setminus\mathbb{R}^-$.

20

AFB II

Fortsetzung: Bestimmen Sie für die folgenden Funktionen mit Bruchterm den Definitionsbereich.

Lösung zu f)

Der Nenner der rationalen Funktion r wird Null für $x=1$, entsprechend lautet der Definitionsbereich $D=\mathbb{R}\setminus\{1\}$.

In einem Fall wie diesem besteht aber die Möglichkeit, die Definitionslücke zu schließen, und zwar mittels einer stetigen Ergänzung. Im vorliegenden Beispiel gelingt dies, indem der Zähler durch den Nenner mittels einer Polynomdivision geteilt wird:

$$r(x)=(x^2-1):(x-1)=x+1$$

Voraussetzung ist, dass Zähler und Nenner dieselbe Nullstelle haben. Diese durch Umformung entstandene Funktion r liefert die stetige Ergänzung der ursprünglichen Funktion r an der Stelle $x=1$. Der Funktionswert $r(1)=2$ schließt die Lücke in der ursprünglichen Funktion nahtlos.

Den Definitionsbereich kann man jetzt folgendermaßen formulieren:

$D=\mathbb{R}$ mit der stetigen Ergänzung $r(x)=x+1$ für $x=1$.

Eine stetige Ergänzung gelingt auch, wenn man an der Stelle der Definitionslücke einen von beiden Seiten gebildeten und gleichlautenden Grenzwert nachweisen kann.

Bestimmen Sie die Lösungen der folgenden Bruchgleichungen.

AFB II

M1

a) $\frac{x}{x-1}=\frac{1}{x-1}$ b) $\frac{x-1}{x+3}=\frac{2x}{2x-1}$ c) $\frac{1}{x-c}-\frac{1}{x}=\frac{1}{x^2-c^2}$

Lösung zu a)

■ Die Multiplikation mit dem Nenner ergibt nach Umformen $x^2-2x+1=0$ und damit die Lösung $x=1$.

■ Diese Lösung scheidet aber aus, da sonst der Nenner Null werden würde. Die Bruchgleichung hat keine Lösung.

Lösung zu b)

■ Die Multiplikation mit dem Hauptnenner $(x+3)(2x-1)$ ergibt die Gleichung $(x-1)(2x-1)=2x(x+3)$. Ausmultipliziert und umgestellt berechnet sich die Lösung zu $x=\frac{1}{9}$.

■ Die Prüfung der Nenner ergibt, dass die berechnete Lösung die Lösung der ursprünglichen Gleichung ist.

Lösung zu c)

■ Die Multiplikation mit dem Hauptnenner $x(x^2-c^2)$ ergibt nach Umstellen die Gleichung $x\cdot(c-1)=-c^2$.

■ Für $c\neq 1$ darf durch $(c-1)$ geteilt werden, die Lösung lautet $x=-\frac{c^2}{(c-1)}$.

■ Diese Lösung ist nur dann Lösung der ursprünglichen Bruchgleichung, wenn deren Nenner nicht Null werden. Dies wäre der Fall für $x=c$, $x=0$ und $x=(-c)$. Eingesetzt in die Gleichung der Lösung berechnet man zwei weitere Werte, die c nicht annehmen darf: $c=0$ und $c=\frac{1}{2}$.

■ Zusammenfassend ist $x=-\frac{c^2}{(c-1)}$ dann die Lösung der ursprünglichen Bruchgleichung, falls $c\notin(0,\frac{1}{2},1)$.

KAPITEL 3

Analysis – Ableitungen

Alle Fragen im Überblick

AFB I

1 **Beschreiben Sie** Sachverhalte, Merkmale und Zusammenhänge zum Thema Geraden und Steigung von Geraden.

2 **Bestimmen Sie** rechnerisch mit dem Grenzwert die Ableitungen der folgenden Funktionen an der Stelle $a = 1$.

3 **Ermitteln Sie** rechnerisch mithilfe der Ableitungsfunktion die Gleichung der Tangente bzw. der Normale für die gekennzeichneten Funktionen.

AFB II

4 **Erläutern Sie** anhand des Beispiels, wie die Steigung an einem bestimmten Punkt einer Polynomfunktion vom Grad 2 und mehr zeichnerisch ermittelt werden kann.

5 **Erläutern Sie** anhand des Beispiels vom „freien Fall" die Aussage, die die Tangentensteigung liefert.

6 **Beschreiben** und **erläutern Sie** Sachverhalte, Merkmale und Zusammenhänge zu den Begriffen Ableitung und Ableitungsfunktion.

7 **Beschreiben Sie** den Hoch-, Tief- und Sattelpunkt durch das Verhalten der Steigung und **leiten Sie** daraus Bedingungen **ab**, die eine rechnerische Untersuchung ermöglichen.

8 **Ordnen Sie** die Graphen von Funktionen aus Material 1 den Graphen ihrer Ableitungen aus Material 2 **zu** und **begründen Sie** Ihre Wahl mit mindestens einem Argument.

9 **Ermitteln Sie** die Ableitung der Funktionen aus dem Material mithilfe der Ableitungsregeln.

10 **Ermitteln Sie** die zweite Ableitung der folgenden Funktionen mithilfe der Ableitungsregeln.

AFB III

11 **Skizzieren Sie** qualitativ die Ableitungsfunktionen der Funktionen, deren Graphen im Material dargestellt sind.

12 **Skizzieren Sie** qualitativ die Stammfunktionen der Funktionen, deren Graphen in Aufgabe 11 dargestellt sind.

1

Beschreiben Sie Sachverhalte, Merkmale und Zusammenhänge zum Thema Geraden und Steigung von Geraden.

AFB I

- Die **Steigung** m einer Geraden oder auch linearen Funktion ist ein bedeutender Träger von Informationen. Dazu gehören die **Maßzahl,** das **Vorzeichen** und die **Einheit.**
- Die **Maßzahl** ermittelt man mithilfe des **Steigungsdreiecks.** Als Faustformel kann gelten: $m = \frac{\text{Höhenunterschied}}{\text{Länge}}$. Beide Maße des Quotienten können direkt aus der Zeichnung abgemessen werden. Entsprechende Umrechnungen sind nötig, wenn die Längeneinheiten beider Achsen unterschiedlich sind bzw. verschieden von 1 cm sind.
- Mit der Formel $m = \frac{f(x_1) - f(x_2)}{x_1 - x_2}$ gelangt man ohne Überlegung rein rechnerisch sicher zum Ziel (vgl. Skizze). Für die konkreten Zahlen der Skizze errechnet man $m = \frac{4-8}{3-(-2)} = -\frac{4}{5}$. Das Ergebnis gibt auch das Vorzeichen korrekt wieder, es handelt sich um eine fallende Gerade ($m < 0$). Für eine steigende Gerade gilt entsprechend $m > 0$ und für eine Gerade ohne Steigung $m = 0$. Falls möglich, sollte man das Vorzeichen des Ergebnisses einer Plausibilitätsprüfung unterziehen.
- Die genannte Formel kann auch benutzt werden, wenn zwei Punkte mit Koordinaten angegeben sind. Zu achten ist dann auf die Reihenfolge im Koordinatensystem.
- Weisen die Koordinatenachsen konkrete **Einheiten** auf, so werden diese einfach mitgeführt. Beispiel: x-Achse als Zeitachse mit der Einheit Stunde (h) und y-Achse als Wegachse mit der Einheit Kilometer (km). Dann berechnet sich m zu $m = -\frac{4\,\text{km}}{5\,\text{h}} = -0{,}8\,\frac{\text{km}}{\text{h}}$. Die Gerade stellt also einen entsprechenden Geschwindigkeitsverlust dar. Treten Einheiten auf, tritt ebendiese Information in den Vordergrund und das Bild eines „abschüssigen Weges“ ist hier keine Hilfe mehr!
- Die gebräuchlichste **Geradengleichung** ist die in der Form $f(x) = mx + n$. Neben der Steigung m enthält sie mit n auch die Information über den Ort, an dem die Gerade die y-Achse schneidet.

1

AFB I

Fortsetzung: Beschreiben Sie Sachverhalte, Merkmale und Zusammenhänge zum Thema Geraden und Steigung von Geraden.

Bei dem Beispiel in der Skizze ist $n = 6{,}4$.

Die abgebildete **lineare Funktion** hat zusammengefasst die Gleichung $f(x) = -0{,}8x + 6{,}4$.

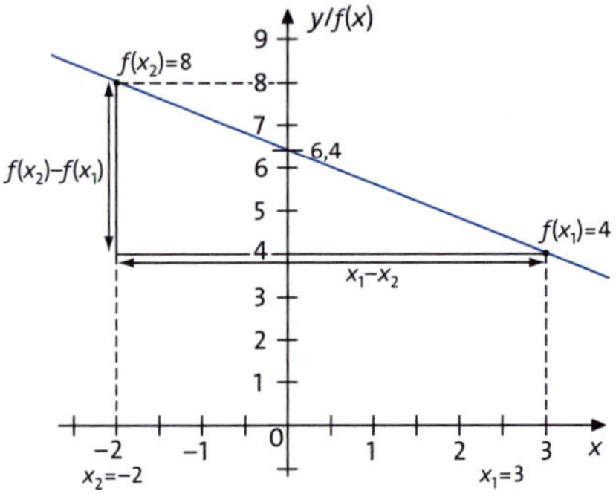

- **Parallele** Geraden haben eine identische Steigung.
- Die **Tangente** ist für die weiterführende Analysis von besonderer Bedeutung. Eine Tangente ist eine Gerade, die den gekrümmten Graphen einer Funktion in einem bestimmten Punkt berührt. An diesem Punkt stimmt die Tangente mit dem Graphen hinsichtlich Steigung und Koordinaten überein.

Für die Tangente gelten sämtliche für die Steigung und die Geraden gemachten Aussagen uneingeschränkt.

- Die **Normale** ist hin und wieder Thema in der Analysis. Sie steht im Berührungspunkt der Tangente mit dem Graphen senkrecht auf der Tangente.
- Die Gerade oder lineare Funktion ist auch eine **Polynomfunktion,** und zwar eine vom genauen Grad 1.

Tipp

Das Thema **Geraden** und Steigungen von Geraden durchzieht die Analysis von der Herleitung bis zur Argumentation in Aufgaben der Funktionsuntersuchungen und der Rekonstruktion von Funktionen. Es wird empfohlen, sich einen sicheren und frei nutzbaren Umgang mit den Inhalten des Themas anzueignen.

2

Bestimmen Sie rechnerisch mit dem Grenzwert die Ableitungen der folgenden Funktionen an der Stelle $a = 1$.

AFB I

M1

a) $f(x) = x$ b) $g(x) = 17$ c) $h(x) = x^2$

Lösung zu a)

■ Einsetzen von $f(x) = x$ und $a = 1$ in die Gleichung des Grenzwertes

$m_t = \lim\limits_{x \to a} \frac{f(x) - f(a)}{x - a}$ ergibt

$$m_t = \lim_{x \to 1} \frac{x - 1}{x - 1} = 1.$$

■ Da gekürzt werden konnte, spielt der Grenzübergang hier keine Rolle. Der Fall $x = 1$ muss nicht explizit ausgeschlossen werden, da der Grenzwert die Bedingung $x \neq a$ einschließt.

Lösung zu b)

■ Da für alle x gilt: $g(x) = g(1) = 17$, erhält man ebenfalls ohne Nutzung des Grenzüberganges die Lösung

$$m_t = \lim_{x \to 1} \frac{17 - 17}{x - 1} = 0.$$

Lösung zu c)

■ Hier ergibt sich die Gleichung des Grenzwerts zu

$$m_t = \lim_{x \to 1} \frac{x^2 - 1}{x - 1}.$$

■ Mithilfe der 3. binomischen Formel kann der Bruch gekürzt werden:

$$m_t = \lim_{x \to 1} \frac{(x + 1)(x - 1)}{x - 1} = \lim_{x \to 1} (x + 1) = 2.$$

Hinweis zur Ableitung von Potenzfunktionen

Anhand der drei Beispiele lässt sich die Regel zur **Ableitung von Potenzfunktionen** bis hin zur Ableitung von Konstanten ansatzweise erkennen. Die Zusammenhänge werden dann nachvollziehbar, wenn Sie beispielsweise bei c) statt mit $a = 1$ nur mit a weiterrechnen. Sie erhalten dann die Ableitungsfunktion $f'(a) = 2a$.

3

AFB I

Ermitteln Sie rechnerisch mithilfe der Ableitungsfunktion die Gleichung der Tangente bzw. der Normale für die gekennzeichneten Funktionen.

M1

a) Tangente an $f(x)=e^x$ in $x_0=0$

b) Tangente an $g(x)=x^2+\frac{1}{x}$ in $x_0=1$

c) Normale in $h(x)=\frac{3x+1}{x^2+1}$ in $x_0=1$

d) Normale in $u(x)=3(x-1)^2$ in $x_0=1$

Lösung zu a)

■ In die Geradengleichung $y=mx+n$ werden eingesetzt mit $f'(x)=e^x$ $m=f'(0)=1$, $x=x_0=0$ und $y=f(0)=1$.

■ Die Gleichung $1=1\cdot 0+n$ liefert unmittelbar das Ergebnis für n mit $n=1$.

■ Mit den Werten für m und n lautet die Geradengleichung der Tangente $t(x)=x+1$.

Lösung zu b)

■ In die Geradengleichung $y=mx+n$ werden eingesetzt mit $g'(x)=2x-\frac{1}{x^2}$ $m=g'(1)=1$, $x=x_0=1$ und $y=g(1)=2$.

■ Die Gleichung $2=1\cdot 1+n$ liefert nach Umstellen das Ergebnis für n mit $n=1$.

■ Mit den Werten für m und n lautet die Geradengleichung der Tangente $t(x)=x+1$.

Lösung zu c)

■ Ausgehend von der Formel $m_1=-\frac{1}{m_2}$, $m_2\neq 0$ und der Steigung m_2 von h bei $x_0=1$ wird die Steigung m_1 der Normalen berechnet.

Mit $h'(x)=\frac{-3x^2-2x+3}{(x^2+1)^2}$ ergibt sich $m_2=h'(1)=-\frac{1}{2}$ und damit $m_1=2$.

■ In die Geradengleichung $y=mx+n$ werden eingesetzt mit $m=m_1=2$, $x=x_0=1$ und $y=h(1)=2$.

■ Die Gleichung $2=2\cdot 1+n$ liefert nach Umstellen das Ergebnis für n mit $n=0$.

■ Mit den Werten für m und n lautet die Geradengleichung der Normalen $n(x)=2x$.

Lösung zu d)

■ Analog zur vorhergehenden Lösung wird mit $u'(x)=6x-6$ die Steigung m_2 von u bei $x_0=1$ zu $m_2=0$ berechnet.

■ Die Steigung der Normalen lässt sich mit der angegebenen Formel nicht ermitteln, somit gibt es auch keine Geradengleichung.

4

Erläutern Sie anhand des Beispiels, wie die Steigung an einem bestimmten Punkt einer Polynomfunktion vom Grad 2 und mehr zeichnerisch ermittelt werden kann.

AFB II

M1

Gesucht ist die Steigung von f an der Stelle $x = 1{,}5$.

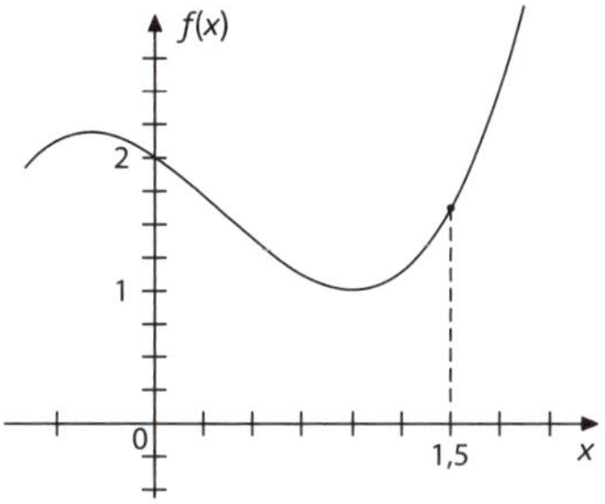

■ Die Steigung an einem Punkt ist nicht unmittelbar zu ermitteln. Hilfsmittel ist die Tangente, welche am Graphen an der Stelle $x = 1{,}5$ gezeichnet wird. Genaues Arbeiten liefert brauchbare Ergebnisse.

■ Die Steigung der Tangente repräsentiert bestmöglich die Steigung, die im Punkt des Graphen herrscht. Einem Zoom gleich ist die Punktsteigung auf eine Gerade ausgedehnt darstellbar geworden.

■ Ohne Weiteres kann jetzt die Steigung der Tangente mittels Steigungsdreieck zu $m = \frac{\Delta y}{\Delta x}$ berechnet werden (siehe Skizze).

■ Die ermittelte Tangentensteigung ist gleichlautend mit der Steigung des Graphen in dem Punkt.

Skizze: Tangente an der Stelle $x = 1{,}5$ mit Steigungsdreieck

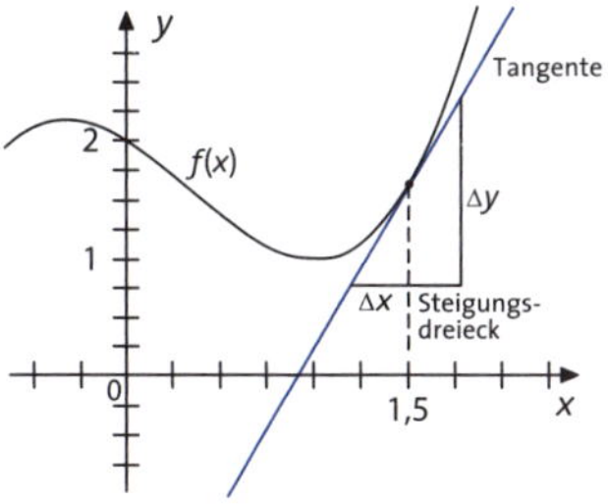

5

AFB II

Erläutern Sie anhand des Beispiels vom „freien Fall" die Aussage, die die Tangentensteigung liefert.

M1

Der Graph zeigt den Zusammenhang zwischen dem Weg s und der Zeit t beim freien Fall. Zu berechnen ist die Tangentensteigung z. B. an der Stelle $t = 1{,}2$ s.

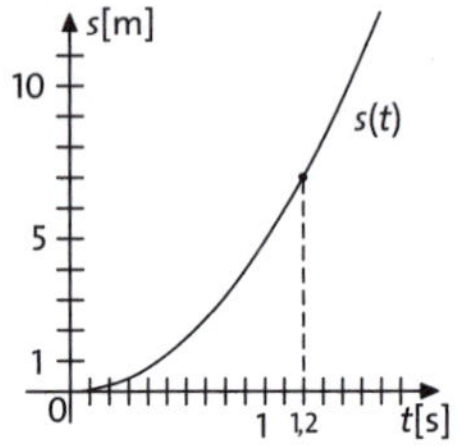

- An der Stelle $t = 1{,}2$ s wird eine Tangente am Graphen gezeichnet.
- An der Tangente wird ein genügend großes (Genauigkeit!) Steigungsdreieck skizziert und mit den passenden Zahlenwerten einschließlich der Einheiten versehen (siehe Skizze).
- Die Tangentensteigung wird ermittelt zu $m = \dfrac{7{,}00\,\text{m}}{0{,}6\,\text{s}} \approx 11{,}67\,\dfrac{\text{m}}{\text{s}}$.
- Das Ergebnis kann nicht als die momentane Geschwindigkeit interpretiert werden! Vielmehr handelt es sich um den momentanen Geschwindigkeitszuwachs, genauer gesagt um den Geschwindigkeitszuwachs zum Zeitpunkt $t = 1{,}2$ s.
- Allgemein gesagt liefert die Tangentensteigung die Änderungsrate in Abhängigkeit der gegebenen Einheiten.

Skizze: Tangente an der Stelle $t = 1{,}2$ s mit Steigungsdreieck

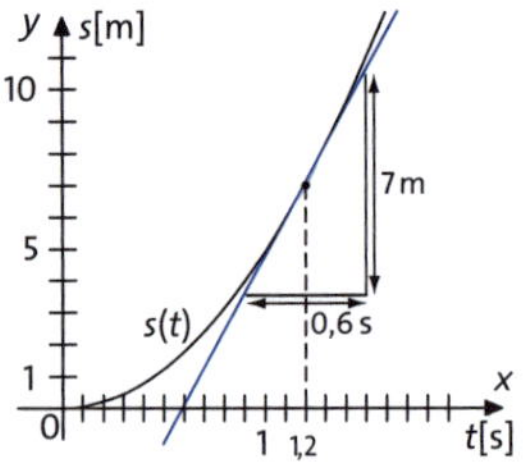

Beschreiben und erläutern Sie Sachverhalte, Merkmale und Zusammenhänge zu den Begriffen Ableitung und Ableitungsfunktion.

AFB II

- Der Begriff **Ableitung** ist in der Mathematik mehrfach belegt. Zunächst ist die Ableitung gleichbedeutend mit der Steigung eines Funktionsgraphen an einer bestimmten Stelle.
- Die Ableitung in diesem Sinne lässt sich sowohl zeichnerisch als auch rechnerisch ermitteln.
- Die zeichnerische Ermittlung erfolgt mittels der **Tangentensteigung.**
- Für die rechnerische Ermittlung geht man zunächst von einer **Sekante** aus, da diese durch zwei Punkte sicher bestimmbar ist (siehe Skizze). Mit dem Steigungsdreieck lässt sich die Sekantensteigung zu $m_{\text{sek}} = \frac{f(x)-f(a)}{x-a}$ darstellen. Ziel ist die Bestimmung der Tangentensteigung, man lässt deshalb x auf a zulaufen. Da letztendlich $x = a$ nicht zu erreichen ist, da sonst der Nenner Null werden würde, erfolgt die Bildung eines **Grenzwertes,** der die Tangentensteigung m_t liefert:

$$m_t = \lim_{x \to a} \frac{f(x)-f(a)}{x-a}$$

Existiert der Grenzwert, dann ist die Funktion f **ableitbar** oder **differenzierbar** in a.
- Dieser Grenzwert wird **Ableitung von *f* an der Stelle *a*** genannt.

Skizze: Sekante mit Steigungsdreieck

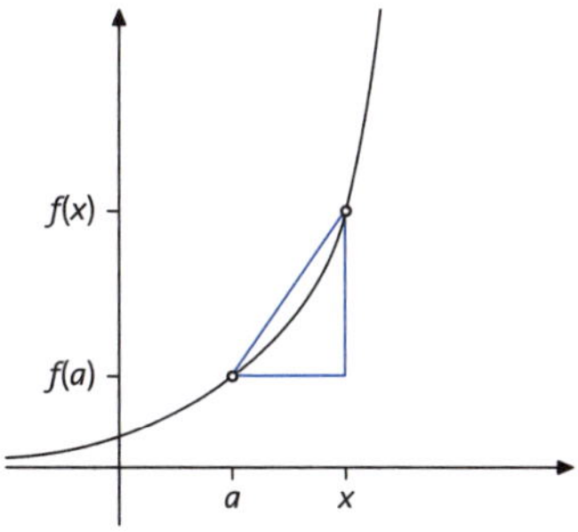

6

AFB II

Fortsetzung: Beschreiben und erläutern Sie Sachverhalte, Merkmale und Zusammenhänge zu den Begriffen Ableitung und Ableitungsfunktion.

- Von der Ableitung an einer Stelle zu der **Ableitungsfunktion** führt folgender Gedanke: Ist eine Funktion f über ihren Definitionsbereich D differenzierbar, so ist es vorstellbar, an allen Punkten die Steigung bzw. die Ableitung zu ermitteln. Denkt man sich nun diese Werte als Funktionswerte einer neuen Funktion, so ist diese neue Funktion die Ableitungsfunktion. Da diese nicht völlig neu ist, sondern in Abhängigkeit zu f steht, trägt die Schreibweise der Ableitungsfunktion mit f' dem Rechnung.
- Für die Ableitungsfunktion f' ist ebenfalls die Kurzfassung Ableitung gebräuchlich.
- In gegebenem Fall nennt man f' auch die **erste Ableitung,** da viele Funktionen mehrfach ableitbar sind, es also auch f'', f''' usw. gibt.
- Die Ableitungsfunktion kann ebenfalls mittels **Grenzwert** bestimmt werden, was sehr aufwendig werden kann. Die Ableitungen wichtiger Funktionen und die **Ableitungsregeln** findet man in den Tafelwerken.
- Die Untersuchung der Ableitungsfunktionen ist ein wesentliches Aufgabenfeld in der Analysis, insbesondere der Funktionsuntersuchung.

Skizze: Beispiel einer Funktion f und ihrer Ableitung f'

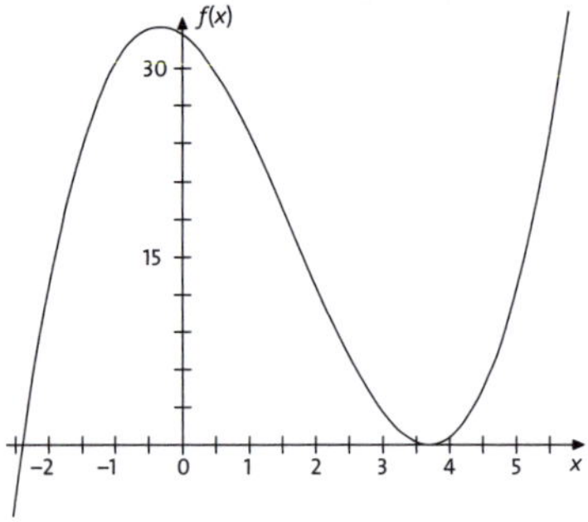

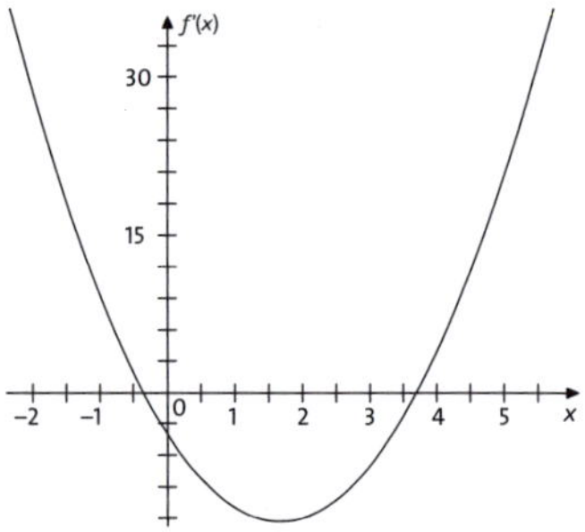

7

AFB II

Beschreiben Sie den Hoch-, Tief- und Sattelpunkt durch das Verhalten der Steigung und leiten Sie daraus Bedingungen ab, die eine rechnerische Untersuchung ermöglichen.

M1

Skizze a)

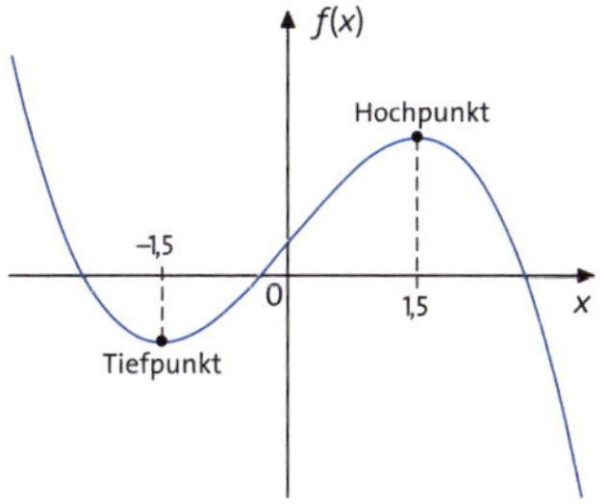

Skizze b)

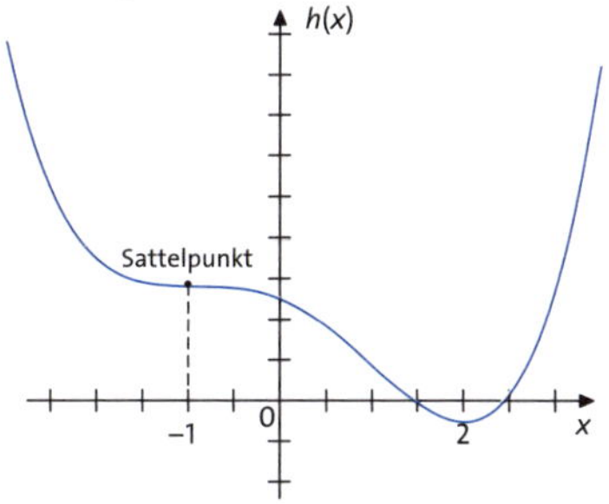

1. Tiefpunkt und Hochpunkt (Skizze a)

■ Am Tiefpunkt und am Hochpunkt selber ist die Tangente jeweils waagerecht, sie hat die Steigung $m = 0$. Dies ist die unabdingbare Voraussetzung für einen Tief- oder Hochpunkt, sie nennt man deshalb auch notwendige Bedingung.

Rechnerisch ermittelt man die Stellen x, an denen die Steigung $m = 0$ ist, indem man die erste Ableitung gleich Null setzt:

$f'(x) = 0$ (notwendige Bedingung)

Die Lösung dieser Gleichung würde in diesem Beispiel zwei Ergebnisse liefern, $x_1 = -1{,}5$ und $x_2 = 1{,}5$.

Anhand dieser Ergebnisse lassen sich Tief- und Hochpunkt jedoch nicht identifizieren.

■ Zur Bestimmung von Tief- und Hochpunkt betrachtet man die Steigungen qualitativ vor und hinter dem Punkt.

Beim Tiefpunkt ist die Steigung davor negativ ($m < 0$) und danach positiv ($m > 0$). Beim Hochpunkt ist es umgekehrt.

Da erst mit dieser Betrachtung ein Tief- oder Hochpunkt eindeutig beschrieben ist, spricht man auch von der hinreichenden Bedingung.

Rechnerisch führt man diese Untersuchung durch, indem man Teststellen x_t jeweils vor und nach den Stellen x_1 und x_2 annimmt und diese in die erste Ableitung $f'(x)$ einsetzt.

Teststellen um x_1 könnten sein: $x_{t11} = -2$ und $x_{t12} = -1$.

7

AFB II

Fortsetzung: Beschreiben Sie den Hoch-, Tief- und Sattelpunkt durch das Verhalten der Steigung und leiten Sie daraus Bedingungen ab, die eine rechnerische Untersuchung ermöglichen.

Eingesetzt ergeben sich für einen Tiefpunkt folgende Ergebnisse:
$f'(-2) < 0$ und $f'(-1) > 0$
Wichtig ist hierbei stets die Reihenfolge der Betrachtung, nämlich von links nach rechts. Dies ist besonders bei negativen x-Werten zu beachten.
Für den Hochpunkt sähe das z. B. so aus:
Teststellen um x_2 könnten sein: $x_{t21} = 1$ und $x_{t22} = 2$.
Eingesetzt ergeben sich folgende Ergebnisse:
$f'(1) > 0$ und $f'(2) < 0$
Die Zahlenwerte der Ergebnisse spielen keine Rolle, es geht alleine um die Vorzeichen und deren Reihenfolge.

2. Sattelpunkt (Skizze b)

- Auch am Sattelpunkt ist die Steigung $m = 0$. Für die rechnerische Ermittlung gilt das für den Tief- und Hochpunkt Beschriebene entsprechend.
$h'(x) = 0$ liefert in diesem Fall zwei Ergebnisse $x_1 = -1$ und $x_2 = 2$, wobei uns hier nur x_1 weiter interessiert.
- Die qualitative Betrachtung der Steigung am Sattelpunkt ergibt, dass die Steigung sowohl davor als auch danach negativ ($m < 0$) ist.
Die rechnerische Untersuchung der hinreichenden Bedingung erfolgt analog zu der von Tief- und Hochpunkten.
Teststellen um x_1 könnten sein: $x_{t11} = -2$ und $x_{t12} = 0$.
Eingesetzt ergeben sich folgende Ergebnisse: $h'(-2) < 0$ und $h'(0) < 0$
- Selbstverständlich gibt es auch Sattelpunkte, die beiderseitig eine positive Steigung aufweisen.

Tipp

Der **Sattelpunkt** ist im Gegensatz zu den Tief- und Hochpunkten selten anzutreffen. Wenn er als Ergebnis von Untersuchungen unerwartet häufig auftritt, handelt es sich meistens um Rechenfehler bei der hinreichenden Bedingung. Liegt nach der Untersuchung ein Sattelpunkt vor, ist eine Prüfung des Ergebnisses empfehlenswert und leicht durchführbar, da der Sattelpunkt auch ein Wendepunkt ist.

8

Ordnen Sie die Graphen von Funktionen aus Material 1 den Graphen ihrer Ableitungen aus Material 2 zu und begründen Sie Ihre Wahl mit mindestens einem Argument.

AFB II

M1

Funktionen

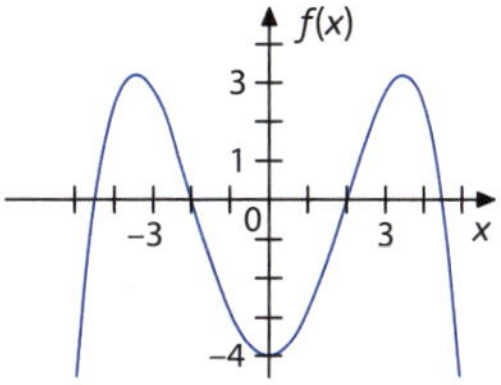

a)

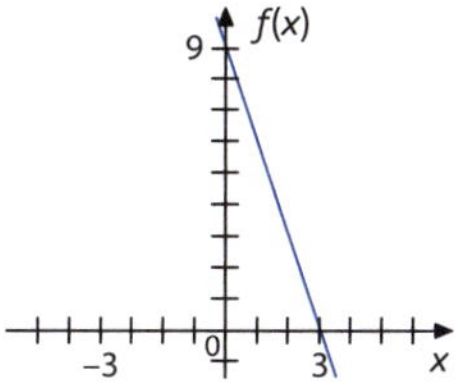

b)

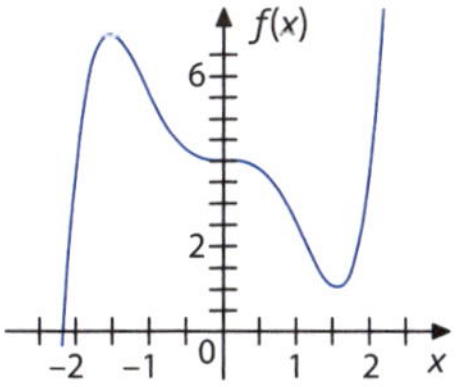

c)

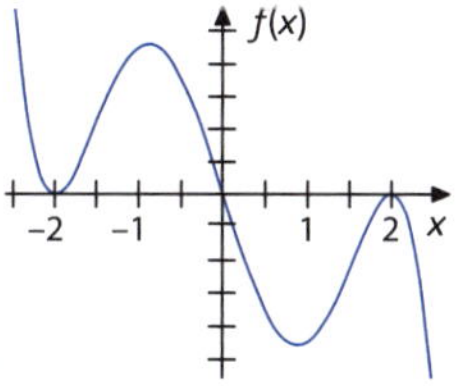

d)

M2

Ableitungen

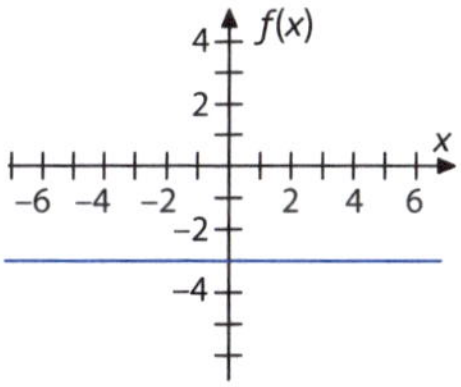

A)

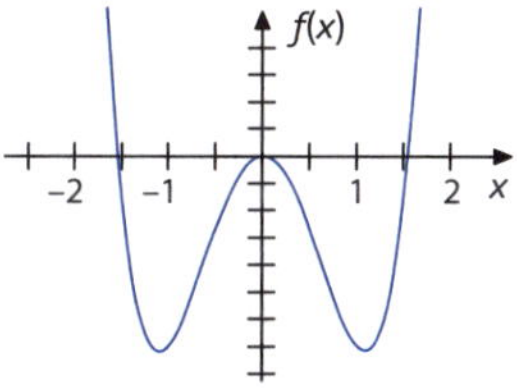

B)

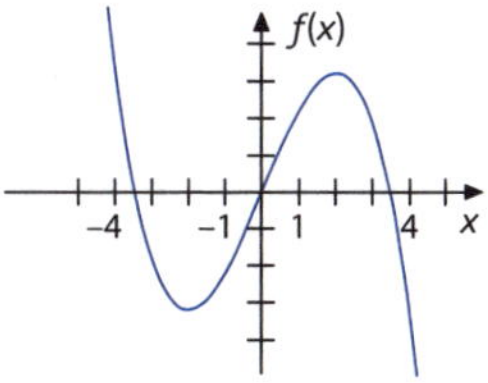

C)

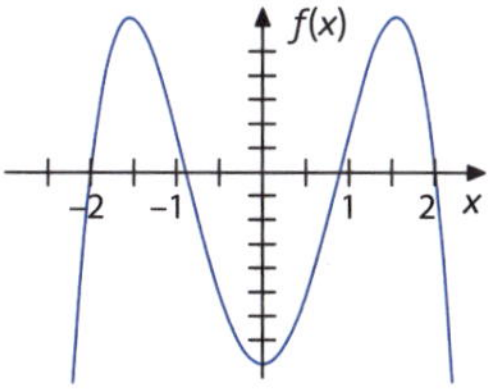

D)

8

AFB II

Fortsetzung: Ordnen Sie die Graphen von Funktionen aus Material 1 den Graphen ihrer Ableitungen aus Material 2 zu und begründen Sie Ihre Wahl mit mindestens einem Argument.

Lösung zu a)

Zu dem Graphen der Funktion aus a) gehört die Ableitung aus C), denn:

- Der Graph a) hat 2 Hochpunkte und einen Tiefpunkt, der Graph C) weist an den entsprechenden Stellen Nullstellen auf.
- In der Umgebung der Hochpunkte von a) hat C) zuerst positive, dann negative Werte.
- In der Umgebung des Tiefpunktes von a) hat C) zuerst negative, dann positive Werte.

Lösung zu b)

Zu dem Graphen der Funktion aus b) gehört die Ableitung aus A), denn:

- Der Graph b) hat eine konstante, negative Steigung, der Graph A) hat konstante, negative Werte.
- Die Maßzahl der Steigung des Graphen b) lässt sich aus den angegebenen Achsenschnittpunkten zu $m = -3$ berechnen. Das ist dieselbe Zahl, die der Graph A) als konstanten Wert hat.

Lösung zu c)

Zu dem Graphen der Funktion aus c) gehört die Ableitung aus B), denn:

- Der Graph c) hat bei $x = 0$ einen Sattelpunkt im Bereich einer negativen Steigung, der Graph B) hat an der entsprechenden Stelle eine Nullstelle mit beiderseitig negativen Werten.
- Entsprechend der Argumentation aus der Lösung zu a) stimmen Hoch- und Tiefpunkt von c) mit den Gegebenheiten der Nullstellen und Funktionswerte aus B) überein.

Lösung zu d)

Zu dem Graphen der Funktion aus d) gehört die Ableitung aus D), denn entsprechend der Argumentation aus der Lösung zu a) stimmen Hoch- und Tiefpunkte von d) mit den Gegebenheiten der Nullstellen und Funktionswerte aus D) überein.

9

Ermitteln Sie die Ableitung der Funktionen aus dem Material mithilfe der Ableitungsregeln.

AFB II

M1

a) $f_1(x) = 2x \cdot \cos(x^2)$

b) $f_2(x) = \sqrt{1-x^2} \cdot \sin(x)$

c) $f_3(x) = \dfrac{3x+5}{(x+1)^2}$

d) $f_4(x) = x \cdot e^{\cos(x)}$

e) $f_5(x) = \sqrt{(1+x^2)^{-1}}$

f) $f_6(x) = \sin^2(x)$

g) $f_7(x) = \sin^2(x) + \cos^2(x)$

h) $f_8(x) = x \cdot \arctan(x)$

i) $f_9(x) = \sqrt[3]{1+2x^2}$

j) $f_{10}(x) = 5^{\cos(2x)}$

Lösung zu a)

$$f_1'(x) = 2\cos(x^2) - 4x^2\sin(x^2)$$

Lösung zu b)

$$f_2'(x) = \sqrt{1-x^2} \cdot \cos(x) - \frac{x \cdot \sin(x)}{\sqrt{1-x^2}}$$

Lösung zu c)

$$f_3'(x) = \frac{-3x-7}{(x+1)^3}$$

Lösung zu d)

$$f_4'(x) = e^{\cos(x)} \cdot (1 - x \cdot \sin(x))$$

Lösung zu e)

$$f_5'(x) = (-x) \cdot \sqrt{(1+x^2)^{-3}}$$

Lösung zu f)

$$f_6'(x) = 2\sin(x)\cos(x)$$

Lösung zu g)

$$f_7'(x) = 0$$

Lösung zu h)

$$f_8'(x) = \frac{x}{1+x^2} + \arctan(x)$$

Lösung zu i)

$$f_9'(x) = \frac{4}{3}x(1+2x^2)^{-\frac{2}{3}}$$

$$= \frac{4}{3}x \frac{1}{\sqrt[3]{(1+2x^2)^2}}$$

Lösung zu j)

$$f_{10}'(x) = -2\ln(5) \cdot \sin(2x) \cdot 5^{\cos(2x)}$$

10

AFB II

Ermitteln Sie die zweite Ableitung der folgenden Funktionen mithilfe der Ableitungsregeln.

M1

a) $f_1(x) = x^3 \cdot e^{-x}$ b) $f_2(x) = \sin\left(\frac{x}{3}\right) \cdot x^2$ c) $f_3(x) = x \cdot \ln(x), x > 0$

d) $f_4(x) = x \cdot \sqrt{1+x^2}$ e) $f_5(x) = \frac{6x}{x^2+4}$

Hinweis

Üblicherweise gibt es keinen direkten Weg zur zweiten Ableitung. Zunächst muss die erste Ableitung bestimmt werden.

Lösung zu a)

$$f_1'(x) = (3x^2 - x^3) \cdot e^{-x}$$

$$f_1''(x) = (x^3 - 6x^2 + 6x) \cdot e^{-x}$$

Lösung zu b)

$$f_2'(x) = 2x\sin\left(\frac{x}{3}\right) + \frac{x^2}{3} \cdot \cos\left(\frac{x}{3}\right)$$

$$f_2''(x) = \left(2 - \frac{x^2}{9}\right) \cdot \sin\left(\frac{x}{3}\right) + \frac{4x}{3} \cdot \cos\left(\frac{x}{3}\right)$$

Lösung zu c)

$$f_3'(x) = \ln(x) + 1$$

$$f_3''(x) = \frac{1}{x}$$

Lösung zu d)

$$f_4'(x) = \frac{1+2x^2}{\sqrt{1+x^2}}$$

$$f_4''(x) = \frac{3x+2x^3}{\sqrt{(1+x^2)^3}}$$

Lösung zu e)

$$f_5'(x) = \frac{24-6x^2}{(x^2+4)^2}$$

$$f_5''(x) = \frac{12x^3 - 144x}{(x^2+4)^3}$$

11

Skizzieren Sie qualitativ die Ableitungsfunktionen der Funktionen, deren Graphen im Material dargestellt sind.

AFB III

M1 **Funktionsgraphen**

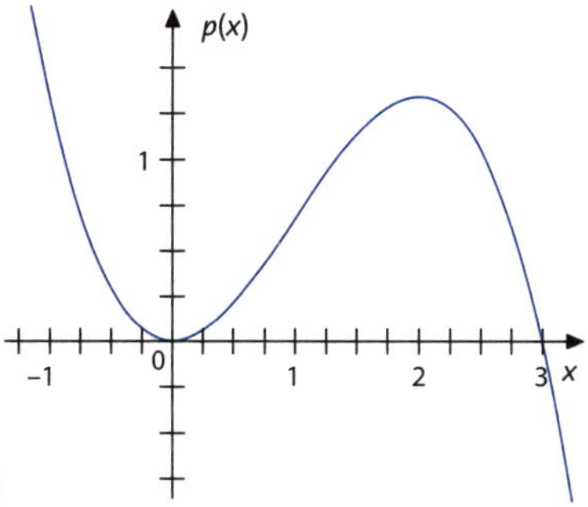

a)

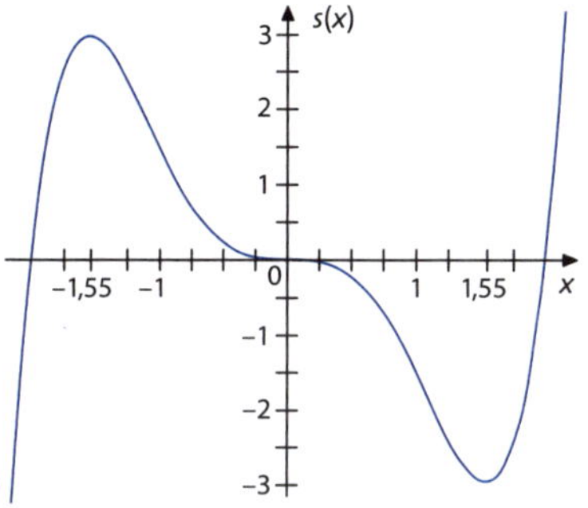

b)

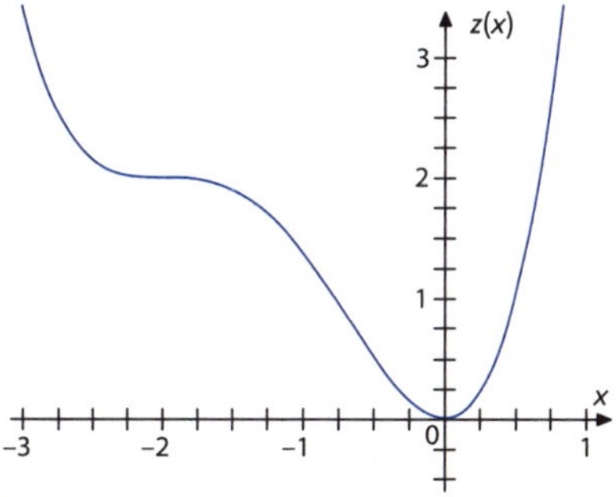

c)

11

AFB III

Fortsetzung: Skizzieren Sie qualitativ die Ableitungsfunktionen der Funktionen, deren Graphen im Material dargestellt sind.

Lösung zu a)

1. Der Graph $p(x)$ hat bei $x=0$ einen Tiefpunkt und bei $x=2$ einen Hochpunkt. An diesen beiden Stellen markiert man in dem neuen Koordinatensystem für $p'(x)$ Nullstellen.

2. Beim Tiefpunkt wechselt die Steigung vom Negativen ins Positive, d. h., die Funktionswerte von $p'(x)$ wechseln dort entsprechend das Vorzeichen. Mit einer dünnen Linie skizziert man für $p'(x)$ bei $x=0$ eine leicht schräge Linie, die vom Negativen ins Positive führt.

3. Beim Hochpunkt wechselt das Vorzeichen der Steigung entsprechend, weshalb wir für $p'(x)$ bei $x=2$ ebenfalls eine dünne Linie zeichnen, die vom Positiven ins Negative führt.

4. Oberhalb der x-Achse verbindet man die beiden dünnen Linien mit einem parabelförmigen Bogen und führt diesen unterhalb der x-Achse plausibel fort. Für $p'(x)$ entsteht der Graph einer nach unten offenen Parabel mit den Nullstellen $x_1=0$ und $x_2=2$.

Lösung zu b)

1. Entsprechend zur Lösung zu a) 1. bis 4. verfährt man hinsichtlich $s'(x)$ für den Hochpunkt bei $x=-1{,}55$ und den Tiefpunkt bei $x=1{,}55$.

2. Für den Sattelpunkt bei $x=0$ markiert man in dem Koordinatensystem für $s'(x)$ ebenfalls eine Nullstelle.

3. Da die Steigung beidseitig des Sattelpunktes negativ ist, bedeutet das für den Graphen von $s'(x)$, dass dieser die Nullstelle nicht durchläuft, sondern von unten her berührt.

4. Der Graph von $s'(x)$ weist die Form eines W mit gerundeten Ecken auf, wobei der mittlere Bogen mit seinem Scheitel den Ursprung des Koordinatensystems berührt.

Lösung zu c)

1. Bezüglich des Tiefpunktes von $z(x)$ an der Stelle $x=0$ verfährt man entsprechend der Lösung zu a) 2.

2. Bezüglich des Sattelpunktes von $z(x)$ an der Stelle $x=-2$ verfährt man entsprechend der Lösung zu b) 2. und 3.

3. Der s-förmige Graph von $z'(x)$ berührt von unten die x-Achse bei $x=-2$ und durchläuft seine zweite Nullstelle bei $x=0$ vom Negativen ins Positive.

12

Skizzieren Sie qualitativ die Stammfunktionen der Funktionen, deren Graphen in Aufgabe 11 dargestellt sind.

AFB III

Lösung zu a) aus Aufgabe 11:

1. Nullstellen von $p(x)$ bei $x_1 = 0$ und $x_2 = 3$ weisen auf Hoch-, Tief- oder Sattelpunkte bei $P(x)$ hin.

2. In der Umgebung der Nullstelle $x_1 = 0$ haben die Funktionswerte positive Vorzeichen, weshalb bei $P(x)$ an dieser Stelle ein Sattelpunkt vorliegt.

3. In der Umgebung der Nullstelle $x_2 = 3$ sind die Funktionswerte davor positiv und danach negativ, folglich hat der Graph von $P(x)$ dort einen Hochpunkt.

4. Skizziert wird folgendermaßen: An beliebiger Stelle der y-Achse von $P(x)$ markieren wir einen Punkt mit einer angedeuteten waagerechten Tangente für den Sattelpunkt. Höher liegend als der Sattelpunkt markieren wir einen Punkt bei $x_2 = 3$ mit der angedeuteten Kuppe eines Hochpunktes.

5. Den Graphen von $P(x)$ skizziert man mit einer bogenförmigen Linie, die von unten kommend den Sattelpunkt berührt, zum Hochpunkt hin ansteigt und nach dem Hochpunkt abfällt.

Hinweis

Skizzieren einer **Stammfunktion** entspricht dem **grafischen Integrieren**, gehört also streng genommen nicht in dieses Kapitel. Das grafische Integrieren ist in Zusammenhang mit der Ableitung aber durchaus interessant, weil es den umgekehrten Gang des **grafischen Ableitens** darstellt. Die Auseinandersetzung mit der Stammfunktion verbessert so das Verständnis dessen, was Ableitung bedeutet, und es stellt zusätzlich einen bedeutenden Zusammenhang zwischen den Gebieten Ableitung/Funktionsuntersuchung und Integralrechnung her.

Lösung zu b) aus Aufgabe 11:

1. Entsprechend zur vorgenannten Lösung 1. bis 3. hat der Graph von $S(x)$ bei $x_1 = -2$ und $x_3 = 2$ jeweils einen Tiefpunkt. Bei $x_2 = 0$ liegt ein Hochpunkt vor.

2. Vorzugsweise skizziert man an beliebiger Stelle auf der y-Achse zunächst den Hochpunkt und anschließend zu beiden Seiten tiefer liegend die beiden Tiefpunkte.

(12)

Fortsetzung: Skizzieren Sie qualitativ die Stammfunktionen der Funktionen, deren Graphen in Aufgabe 11 dargestellt sind.

AFB III

3. Der Graph von $S(x)$ weist abschließend eine W-Form auf, wobei die Ecken gerundet sind. Wie stets bei der grafischen Bildung einer Stammfunktion spielt die Höhenlage im Koordinatensystem keine Rolle.

Lösung zu c) aus Aufgabe 11:

1. Entsprechend zur Lösung zu a) aus Aufgabe 11 (2.) weist $Z(x)$ lediglich einen Sattelpunkt auf, der qualitativ dem von $P(x)$ entspricht.

2. Auf den Verlauf des Graphen von $Z(x)$ an der Stelle $x=-2$ wird im Rahmen dieser Aufgabe nicht näher eingegangen.

Skizze: Möglicher Verlauf von $z(x)$

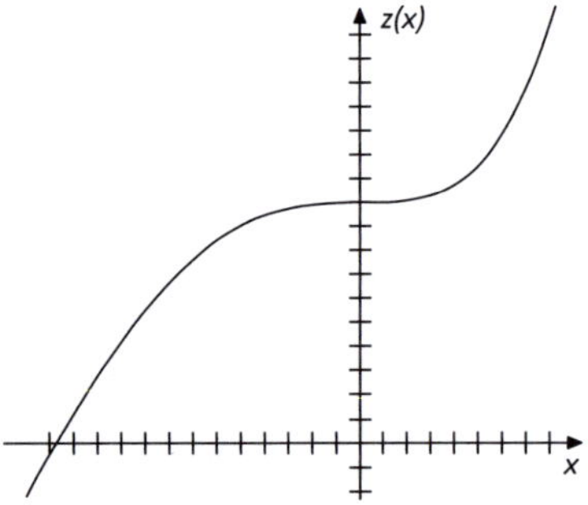

Tipp

Wenn Sie die Aufgaben 8, 11 und 12 nachvollzogen haben und selber anwenden können, haben Sie ein anschauliches und tieferes Verständnis des Kernthemas der Analysis erlangt! So sind Sie auch bei abstrakten rechnerischen Lösungen immer darüber im Bilde, welche Zusammenhänge dem zugrunde liegen. Sie gewinnen ein Gefühl dafür, zu wissen, was Sie tun. In der Folge verringert sich die Häufigkeit von Fehlern. Zudem haben Sie die Chance, über das Stadium des Auswendiglernens hinausgehend auch komplexere Aufgabenstellungen lösen zu können.

KAPITEL 4

Analysis – Funktionsuntersuchung

Alle Fragen im Überblick

AFB I

1 **Untersuchen Sie** die folgenden Funktionen auf Extremstellen bzw. Wendepunkte, jedoch ohne mit dem Vorzeichenwechsel von Steigung bzw. Krümmung zu argumentieren.

2 **Ermitteln Sie** für die folgenden Funktionen die Achsenschnittpunkte.

3 **Untersuchen Sie** für die folgenden Funktionen das Monotonieverhalten.

4 **Untersuchen Sie** für folgende Funktionen das Verhalten im Unendlichen.

5 **Untersuchen Sie** die Funktionen aus Aufgabe 4 auf ihr Symmetrieverhalten.

AFB II

6 **Beschreiben Sie** den Wendepunkt und den Sattelpunkt der Graphen aus dem Material durch das Verhalten der Krümmung und **leiten Sie** daraus Bedingungen **ab**, die eine rechnerische Untersuchung ermöglichen.

7 **Berechnen Sie** in Abhängigkeit des Parameters das Extremum der Funktionsschar $f_k(x) = x^2 + kx + 2$ und die Ortskurve aller Extrempunkte und **zeichnen Sie** den Graphen von f_k.

8 **Führen Sie** für die Funktion $f(x) = x^3 \cdot e^{-x}$ eine Funktionsuntersuchung **durch** und **skizzieren Sie** den Graphen von f.

9 **Führen Sie** für die Funktion $g(x) = \frac{(2+x)^2}{x-2}$ eine Funktionsuntersuchung **durch** und **skizzieren Sie** den Graphen von g.

10 **Führen Sie** für die Funktionsschar $h_k(x) = x \cdot \sqrt{k^2 - x^2}, k > 0$ eine Funktionsuntersuchung **durch** und **skizzieren Sie** den Graphen von h_2.

11 **Ordnen Sie** die folgenden Funktionsgleichungen r_1, r_2 und r_3 den Schaubildern **zu** und **begründen Sie** Ihre Wahl.

1

AFB I

Untersuchen Sie die folgenden Funktionen auf Extremstellen bzw. Wendepunkte, jedoch ohne mit dem Vorzeichenwechsel von Steigung bzw. Krümmung zu argumentieren.

M1

Untersuchung auf Extremstellen:

a) $f(x) = \frac{x}{1+x^2}$ b) $h(x) = x \cdot e^{1-x}$

Untersuchung auf Wendepunkte:

c) $g(x) = e^{-x^2}$ d) $p(x) = x^5 + 2x - 3$

Lösung zu a)

- Es gilt: $f'(x) = \frac{1-x^2}{(1+x^2)^2} = 0$, die Lösungen ermitteln sich zu $x_1 = (-1)$ und $x_2 = 1$.
- Die Lösungen werden in die zweite Ableitung $f''(x)$ eingesetzt. Ist das Ergebnis negativ, liegt ein Hochpunkt vor, ein positives Ergebnis bedeutet einen Tiefpunkt.

Mit $f''(x) = \frac{-6x+2x^3}{(1+x^2)^3}$ erhält man mit $f''(-1) = \frac{1}{2} > 0$ einen Tiefpunkt und mit $f''(1) = -\frac{1}{2} < 0$ einen Hochpunkt.

Lösung zu b)

- Es gilt: $h'(x) = (1-x) \cdot e^{1-x} = 0$; da nur der Klammerausdruck null werden kann, ergibt sich die einzige Lösung zu $x = 1$.
- Mit $h''(x) = (x-2) \cdot e^{1-x}$ erhält man mit $h''(1) = -1 < 0$ einen Hochpunkt.

Hinweis

Unter den nicht einheitlich verwendeten Begriffen **Extremstellen** bzw. Extrema bzw. Extremalstellen werden Tief- und Hochpunkte zusammengefasst. Der Sattelpunkt wird gewöhnlich nicht unter diesen Begriffen mit erfasst, obwohl für ihn dieselben Untersuchungen durchgeführt werden.

1

AFB I

Fortsetzung: Untersuchen Sie die folgenden Funktionen auf Extremstellen bzw. Wendepunkte, jedoch ohne mit dem Vorzeichenwechsel von Steigung bzw. Krümmung zu argumentieren.

Lösung zu c)

■ Es gilt: $g'(x) = -2x \cdot e^{x^2}$ und $g''(x) = (-2 + 4x^2) \cdot e^{x^2} = 0$; da nur der Klammerausdruck null werden kann, ergeben sich zwei Lösungen $x_1 = \frac{-1}{\sqrt{2}}$ und $x_2 = \frac{1}{\sqrt{2}}$.

■ Mit $g'''(x) = (-2 + 4x^2) \cdot 2x \cdot e^{x^2} + 8x \cdot e^{x^2}$ ergeben sich $g'''\left(\frac{-1}{\sqrt{2}}\right) \neq 0$ und $g'''\left(\frac{1}{\sqrt{2}}\right) \neq 0$, womit für beide Stellen die Existenz von Wendepunkten nachgewiesen ist.

Lösung zu d)

■ Es gilt: $p'(x) = 5x^4 + 2$ und $p''(x) = 20x^3 = 0$, damit ermittelt man die einzige Lösung $x = 0$.

■ Mit $p'''(x) = 60x^2$ ergibt sich $p'''(0) = 0$, was dem Anschein nach bedeuten würde, dass dort kein Wendepunkt vorliegt. Es besteht an dieser Stelle die Möglichkeit, so oft abzuleiten, bis die Ableitung an der Stelle $x = 0$ im Ergebnis verschieden von null ist. Dies ist mit der fünften Ableitung $p^{(5)}(x) = 120$ der Fall. Da die Fünf eine ungerade Zahl ist, liegt ein Wendepunkt bei $x = 0$ tatsächlich vor.

Tipp: Lösungen ohne Vorzeichenwechsel

Die hier gezeigten Lösungswege sind deutlich kürzer als solche, die über das Vorzeichenwechselkriterium gehen. Das Risiko der kürzeren Verfahren besteht darin, dass sie nicht in jedem Fall einwandfrei funktionieren und keinerlei Anschaulichkeit und Nachvollziehbarkeit mehr aufweisen, wie an der Lösung zu c) abzulesen ist. Im Zweifelsfall ist der anschauliche Weg der empfehlenswerte.

2

AFB I **Ermitteln Sie für die folgenden Funktionen die Achsenschnittpunkte.**

M1

a) $f(x)=e^x$ b) $g(x)=\ln(x)$ c) $h(x)=x^3-6x^2+9x$

d) $k(x)=\dfrac{x-1}{x^4+2x^2+1}$ e) $p(x)=\dfrac{1}{x}$

Lösung zu a)

- Mit $f(0)=1$ liegt der Schnittpunkt mit der y-Achse bei $(0|1)$.
- Da $f(x)=e^x=0$ keine Lösung hat, gibt es keine Schnittpunkte mit der x-Achse.

Lösung zu b)

- Da $g(0)=\ln(0)$ keine Lösung hat, gibt es keinen Schnittpunkt mit der y-Achse.
- Mit $g(x)=\ln(x)=0$ gibt es eine Nullstelle bei $x=1$, der Schnittpunkt mit der x-Achse liegt bei $(1|0)$.

Lösung zu c)

- Mit $h(0)=0$ liegt der Schnittpunkt mit der y-Achse bei $(0|0)$.
- Faktorisieren und Nullsetzen ergibt $h(x)=x(x-3)^2=0$, die Schnittpunkte mit der y-Achse sind ablesbar mit $SP_{y1}(0|0)$ und $SP_{y2}(3|0)$.

Lösung zu d)

- Mit $k(0)=-1$ liegt der Schnittpunkt mit der y-Achse bei $(0|-1)$.
- Es reicht aus, für $k(x)=0$ den Zähler gleich null zu setzen. Damit gibt es eine Nullstelle bei $x=1$, der Schnittpunkt mit der x-Achse liegt bei $(1|0)$.

Lösung zu e)

Sowohl $p(0)$ als auch $p(x)=0$ ergeben keine Lösung, somit schneidet p weder die x- noch die y-Achse.

3

Untersuchen Sie für die folgenden Funktionen das Monotonieverhalten.

AFB I

M1

a) $f(x) = x$ b) $g(x) = x^3 - 3x - 2$ c) $h(x) = e^{-x^2}$ d) $k(x) = \frac{(1-x)^2}{(1+x)^2} - 1$

Lösung zu a)

Da $f'(x) = 1$ für alle reellen x positiv ist, ist die Funktion f auf ganz $\mathbb{R}$ streng monoton steigend.

Lösung zu b)

- Zur Untersuchung des Monotonieverhaltens stehen die Bereiche zwischen den Nullstellen der Ableitung $g'(x) = 3x^2 - 3$ an. Diese liegen bei $x_1 = -1$ und $x_2 = 1$.
- Für den Bereich $x < -1$ gilt $g'(x) > 0$, somit ist g dort streng monoton steigend.
- Für den Bereich $-1 < x < 1$ gilt $g'(x) < 0$, somit ist g dort streng monoton fallend.
- Für den Bereich $x > 1$ gilt $g'(x) > 0$, somit ist g dort wieder streng monoton steigend.

Lösung zu c)

- Für das Vorzeichen der Ableitung $h'(x) = -2x \cdot e^{-x^2}$ ist nur der Term $-2x$ relevant, da der Exponentialterm stets positiv ist.
- Dementsprechend ist im Bereich $x < 0$ die Ableitung h' positiv und h somit streng monoton steigend.
- Im Bereich $x > 0$ ist die Ableitung h' negativ und h somit streng monoton fallend.

Lösung zu d)

Umformen von k und anschließendes Ableiten ergibt $k'(x) = \frac{4x-4}{(1+x)^3}$.

Die Bereiche vor und nach der Definitionslücke des Nenners bei $x = -1$ und der Nullstelle des Zählers bei $x = 1$ werden untersucht. Für $x < -1$ und $x > 1$ ist k jeweils streng monoton steigend, für $-1 < x < 1$ streng monoton fallend.

4

AFB I

Untersuchen Sie für folgende Funktionen das Verhalten im Unendlichen.

M1

a) $g(x) = -x^3 - 3x$ b) $f(x) = e^{-x^2}$ c) $k(x) = \frac{x-1}{x^4 + 2x^2 + 1}$ d) $h(x) = x \cdot e^{1-x}$

Lösung zu a)

■ Maßgebend für das Verhalten der Funktionswerte bei großen x-Werten ist der Term $-x^3$. Setzt man in diesen Term große positive Zahlen ein, so wird das Ergebnis eine sehr große negative Zahl sein. Für das Verhalten im positiven Unendlichen lässt sich deshalb schreiben $\underset{x\to+\infty}{g(x)} = -\infty$. Sprich, für x gegen unendlich strebt g gegen minus unendlich.

■ Die entsprechende Überlegung für das Verhalten im negativen Unendlichen liefert $\underset{x\to-\infty}{g(x)} = +\infty$.

Lösung zu b)

Geht $x \to +\infty$, streben die Funktionswerte der e-Funktion ebenfalls gegen plus unendlich. Für $x \to -\infty$ streben die Funktionswerte gegen null.

Der quadratische x im Exponent von f sorgt zunächst dafür, dass dieser stets positive Zahlen ergibt. Das Minuszeichen davor hingegen hat zur Folge, dass der Exponent letztlich immer negative Zahlen zum Ergebnis hat.

Die Funktion f verhält sich daher sowohl für $x \to +\infty$ als auch für $x \to -\infty$ gleich und zwar wie die e-Funktion für $x \to -\infty$.

Man notiert: $\underset{x\to+\infty}{f(x)} = 0$ und $\underset{x\to-\infty}{f(x)} = 0$.

Lösung zu c)

Maßgebend für das Verhalten der Funktionswerte bei großen x-Werten ist im Zähler das x und im Nenner der Term x^4. Für sehr große x weist der Term im Zähler wesentlich kleinere Ergebnisse auf als der im Nenner. Das bedeutet, dass die Funktionswerte für k gegen null streben, sowohl für $x \to +\infty$ als auch für $x \to -\infty$.

Man notiert: $\underset{x\to+\infty}{k(x)} = 0$ und $\underset{x\to-\infty}{k(x)} = 0$

4

Fortsetzung: Untersuchen Sie für folgende Funktionen das Verhalten im Unendlichen.

AFB I

Lösung zu d)

- Der Term e^{1-x} verhält sich gegenüber der normalen e-Funktion spiegelverkehrt. Geht $x \to +\infty$, streben die Werte des Terms gegen null, für $x \to -\infty$ streben die Funktionswerte gegen plus unendlich.
Der Term x strebt für $x \to +\infty$ ebenfalls gegen plus unendlich, für $x \to -\infty$ ebenfalls gegen minus unendlich.
- Für das Verhalten von h für $x \to +\infty$ ist der Exponentialterm maßgebend, der abmindernden Wirkung der gegen null strebenden Funktionswerte kann der Term x nichts entgegensetzen. Für $x \to -\infty$ ist das negative Vorzeichen des Terms x maßgebend, h strebt in diesem Fall gegen minus unendlich. Man notiert: $\lim_{x \to +\infty} h(x) = 0$ und $\lim_{x \to -\infty} h(x) = -\infty$.

5

Untersuchen Sie die Funktionen aus Aufgabe 4 auf ihr Symmetrieverhalten.

AFB I

Lösung zu a)

Die Funktion g ist ungerade, denn es gilt $g(-x) = x^3 + 3x = -g(x)$.

Lösung zu b)

Die Funktion f ist gerade, denn es gilt $f(-x) = e^{-(-x)^2} = e^{-x^2} = f(x)$.

Lösung zu c)

Die Funktion k ist nicht symmetrisch, da weder $k(x) = k(-x)$ noch $k(-x) = -k(x)$ gilt.

Lösung zu d)

Die Funktion h ist nicht symmetrisch, da weder $h(x) = h(-x)$ noch $h(-x) = -h(x)$ gilt.

6

AFB II

Beschreiben Sie den Wendepunkt und den Sattelpunkt der Graphen aus dem Material durch das Verhalten der Krümmung und leiten Sie daraus Bedingungen ab, die eine rechnerische Untersuchung ermöglichen.

M1

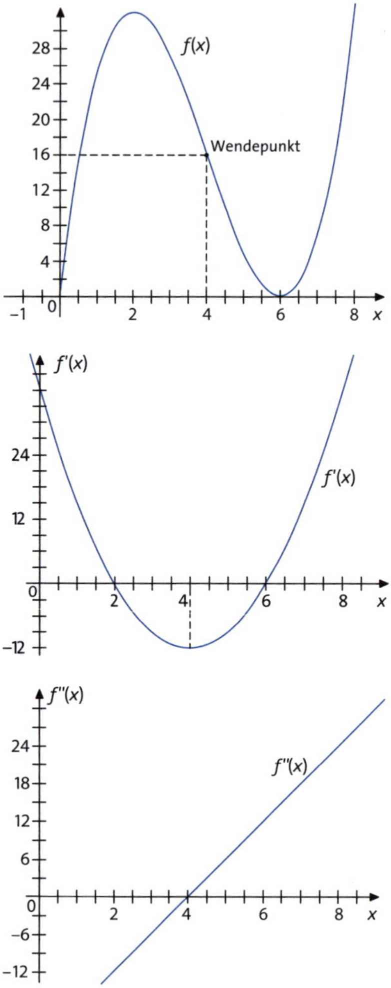

6

Fortsetzung: Beschreiben Sie den Wendepunkt und den Sattelpunkt der Graphen aus dem Material durch das Verhalten der Krümmung und leiten Sie daraus Bedingungen ab, die eine rechnerische Untersuchung ermöglichen.

AFB II

- An einem Wendepunkt wechselt die Krümmung eines Graphen. In dem vorliegenden Fall von f ist der Graph vor dem Wendepunkt an der Stelle $x = 4$ rechtsgekrümmt und danach linksgekrümmt.
- Im Wendepunkt selber ist die Krümmung gleich null.

Bedingungen für eine rechnerische Untersuchung

- Für die rechnerische Untersuchung betrachtet man das Verhalten der Ableitungen f' und f''. An der Stelle des Wendepunktes von f hat die erste Ableitung f' eine waagerechte Tangente und die zweite Ableitung f'' hat dort folgerichtig eine Nullstelle.

Daraus lässt sich die notwendige Bedingung für die Existenz eines Wendepunktes mit $f''(x) = 0$ festhalten.

Die Lösung dieser Gleichung liefert die Stelle x, an der die Krümmung null ist. Im vorliegenden Fall liegt die Stelle bei $x = 4$.

- In dem Bereich, wo der Graph von f rechtsgekrümmt ist, ist die Steigung von f' negativ und die Funktionswerte von f'' sind entsprechend negativ. Es lässt sich Folgendes festhalten:

Der Graph von f ist rechtsgekrümmt, wenn gilt: $f''(x) < 0$

- Für die Linkskrümmung gilt entsprechend:

Der Graph von f ist linksgekrümmt, wenn gilt: $f''(x) > 0$

Nachweis des Krümmungswechsels

- Die hinreichende Bedingung für die Existenz eines Wendepunktes ist dann erfüllt, wenn der Krümmungswechsel nachgewiesen werden kann. Rechnerisch führt man diesen Nachweis durch, indem man Teststellen x_t jeweils vor und nach der Stelle $x = 4$ annimmt und diese in die zweite Ableitung $f''(x)$ einsetzt.

Teststellen um x könnten sein: $x_{t1} = 3$ und $x_{t2} = 5$. Eingesetzt ergeben sich für einen Wendepunkt mit einem Wechsel der Krümmung von rechts zu links folgende Ergebnisse: $f''(3) < 0$ und $f''(5) > 0$

- Selbstverständlich gibt es auch Wendepunkte mit einem Wechsel von links zu rechts.
- Der Sattelpunkt ist ebenfalls ein Wendepunkt. Die vorgenannten Untersuchungen gelten für ihn uneingeschränkt.

7

AFB II

Berechnen Sie in Abhängigkeit des Parameters das Extremum der Funktionsschar $f_k(x) = x^2 + kx + 2$ und die Ortskurve aller Extrempunkte und zeichnen Sie den Graphen von f_k.

- **Extremum** in Abhängigkeit des Parameters k

1. Aus $f_k'(x) = 2x + k = 0$ ermittelt man die Nullstelle zu $x = -\frac{k}{2}$.
2. Da $f_k''(x) = 2 > 0$ ist, handelt es sich um einen Tiefpunkt.
3. Die y-Koordinate lautet $f_k(-\frac{k}{2}) = \frac{k^2}{4} - \frac{k^2}{2} + 2 = -\frac{k^2}{4} + 2$.

- **Ortskurve** aller Extrempunkte

1. Auflösen der Nullstelle nach dem Parameter k ergibt $k = -2x$.
2. Einsetzen von $k = -2x$ in die y-Koordinate ergibt

$$f_k(-2x) = -\frac{(-2x)^2}{4} + 2 = -x^2 + 2.$$

3. Die Ortskurve der Tiefpunkte lautet $y = -x^2 + 2$.

Skizze: Funktionsschar f_k und die Ortskurve der Extrempunkte.

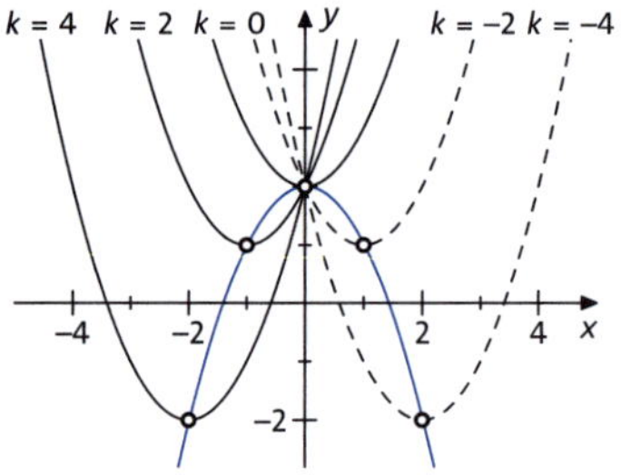

Führen Sie für die Funktion $f(x)=x^3\cdot e^{-x}$ eine Funktionsuntersuchung durch und skizzieren Sie den Graphen von *f*.

AFB II

Verhalten im Unendlichen

Für das Verhalten für $x \to +\infty$ ist der Exponentialterm maßgebend, der gegen null strebt, es gilt $\lim\limits_{x\to+\infty} f(x)=0$. Für $x \to -\infty$ gilt $\lim\limits_{x\to-\infty} f(x)=-\infty$, da das negative Vorzeichen des Potenzterms den Ausschlag gibt.

Symmetrieverhalten

Da $f(-x)=-x^3\cdot e^x$ nicht mit $f(x)$ und $-f(x)$ übereinstimmt, ist die Funktion f nicht symmetrisch.

Achsenschnittpunkte

Mit $f(0)=0$ liegt der Schnittpunkt mit der y-Achse bei $(0\,|\,0)$. Dies ist gleichzeitig auch ein Schnittpunkt mit der x-Achse. $f(x)=0$ liefert keine weiteren Schnittpunkte mit der x-Achse.

Extrempunkte

- Aus der ersten Ableitung $f'(x)=(3x^2-x^3)\cdot e^{-x}=(3-x)\cdot x^2\cdot e^{-x}$ lassen sich die Nullstellen direkt ablesen: $x_1=0$ und $x_2=3$.
- Die Untersuchung auf einen Wechsel der Vorzeichen von f' ergibt für $x_1=0$: $f'(-1)\approx 4\cdot 1\cdot 2{,}72\approx 10{,}87>0$ und $f'(1)\approx 2\cdot 1\cdot 0{,}37\approx 0{,}74>0$, also kein Vorzeichenwechsel, d. h., es liegt dort ein Sattelpunkt vor.
- Für $x_2=3$ wird ermittelt: $f'(1)\approx 2\cdot 1\cdot 0{,}37\approx 0{,}74>0$ und $f'(4)\approx(-1)\cdot 16\cdot 0{,}02\approx -0{,}32<0$, der Vorzeichenwechsel von plus zu minus weist einen Hochpunkt aus.

Ergebnisse mit y-Koordinaten als Punkte: STP $(0\,|\,0)$ und HP $(3\,|\,1{,}34)$.

Monotonieverhalten

Die bereits ermittelten Nullstellen der ersten Ableitung ergeben drei zu untersuchende Bereiche: den Bereich $x<0$, den von $0<x<3$ und den von $x>3$.

Man kann die Zwischenergebnisse aus der vorherigen Teilaufgabe nehmen:

- Für $x<0$ nimmt man $f'(-1)\approx 10{,}87>0$, d. h., in diesem Bereich ist f streng monoton steigend.

8

AFB II

Fortsetzung: Führen Sie für die Funktion $f(x) = x^3 \cdot e^{-x}$ eine Funktionsuntersuchung durch und skizzieren Sie den Graphen von f.

- Für $0 < x < 3$ nimmt man $f'(1) \approx 0{,}74 > 0$, d. h., in diesem Bereich ist f ebenfalls streng monoton steigend.
- Für $x > 3$ nimmt man $f'(4) \approx -0{,}32 < 0$, d. h., in diesem Bereich ist f streng monoton fallend.

Wendepunkte

Der in der Teilaufgabe „Extrempunkte" ermittelte Sattelpunkt ist als Wendepunkt hinreichend genau nachgewiesen. Zur Ermittlung weiterer Wendepunkte sieht man sich die zweite Ableitung $f''(x) = x \cdot (x^2 - 6x + 6) \cdot e^{-x}$ an. Hinter dem ausgeklammerten x verbirgt sich der Sattelpunkt, weshalb nur noch der Klammerausdruck untersucht werden muss.

$x^2 - 6x + 6 = 0$ liefert $x_2 = 3 - \sqrt{3} \approx 1{,}2679$ und $x_3 = 3 + \sqrt{3} \approx 4{,}7321$.

Die hinreichende Bedingung wird mittels Teststellen an f'' geprüft.

- Für x_2 nimmt man z. B. $f''(1) = 1 \cdot (1^2 - 6 \cdot 1 + 6) \cdot e^{-1} \approx 0{,}36 > 0$ und $f''(2) = 2 \cdot (2^2 - 6 \cdot 2 + 6) \cdot e^{-2} \approx -0{,}54 < 0$, daraus folgt, dass die Krümmung von links zu rechts wechselt.
- Für x_3 nimmt man z. B. $f''(2) \approx -0{,}54 < 0$ und $f''(5) = 5 \cdot (5^2 - 6 \cdot 5 + 6) \cdot e^{-5} \approx 0{,}03 > 0$, daraus folgt, dass die Krümmung von rechts zu links wechselt.

Als Punkte ergeben sich STP $(0 \mid 0)$, WP_1 $(1{,}27 \mid 0{,}57)$ und WP_2 $(4{,}73 \mid 0{,}93)$.

Skizze: Graph der Funktion f.

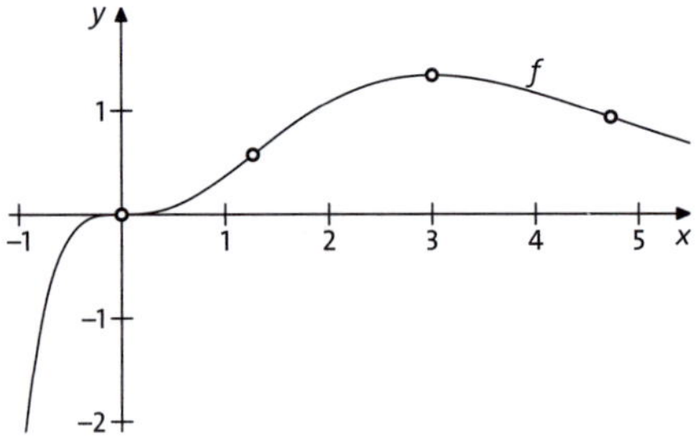

9

Führen Sie für die Funktion $g(x)=\frac{(2+x)^2}{x-2}$ eine Funktionsuntersuchung durch und skizzieren Sie den Graphen von g.

AFB II

Definitionsbereich

Die Nullstelle des Nenners bei $x=2$ bedeutet die dortige Definitionslücke von g. Der Definitionsbereich lautet demnach $D=\mathbb{R}\setminus\{2\}$. Da eine stetige Ergänzung nicht gelingt, liegt eine Polstelle vor.

Verhalten im Unendlichen

Hinsichtlich des Betrages der Funktionswerte ist der Zähler maßgebend, hinsichtlich des Vorzeichens jedoch der Nenner. Für $x\to+\infty$ gilt $\underset{x\to+\infty}{g(x)}=+\infty$, für $x\to-\infty$ gilt $\underset{x\to-\infty}{g(x)}=-\infty$.

Symmetrieverhalten

Da $g(-x)=\frac{(2-x)^2}{-x-2}$ nicht mit $g(x)$ und $-g(x)$ übereinstimmt, ist die Funktion f nicht symmetrisch.

Achsenschnittpunkte

Mit $g(0)=-2$ liegt der Schnittpunkt mit der y-Achse bei $(0|-2)$. Für $g(x)=0$ genügt es, die Nullstellen des Zählers zu ermitteln. Die einzige Nullstelle liegt bei $x=-2$, der x-Achsenschnittpunkt ist $(-2|0)$.

Extrempunkte

Die notwendige Bedingung lautet $g'(x)=\frac{x^2-4x-12}{(x-2)^2}=0$. Die Lösung liefern die Nullstellen des Zählers mit $x_1=-2$ und $x_2=6$. Diese werden in die zweite Ableitung $g''(x)=\frac{32}{(x-2)^3}$ eingesetzt (hinreichende Bedingung). $g''(-2)=-\frac{1}{2}<0$ kennzeichnet einen Hochpunkt, $g''(6)=\frac{1}{2}>0$ einen Tiefpunkt. Die Punkte sind HP $(-2|0)$ und TP $(6|16)$.

9

AFB II

Fortsetzung: Führen Sie für die Funktion $g(x)=\frac{(2+x)^2}{x-2}$ eine Funktionsuntersuchung durch und skizzieren Sie den Graphen von g.

Monotonieverhalten

Die bereits ermittelten Nullstellen der ersten Ableitung und die Polstelle ergeben vier zu untersuchende Bereiche: den Bereich $x<-2$, die von $-2<x<2$ und $2<x<6$ und den von $x>6$.

In dem Bereich $x<-2$ ist g mit $g'(-3)=0{,}36>0$ streng monoton steigend, in den Bereichen $-2<x<2$ und $2<x<6$ mit $g'(0)=-3<0$ und $g'(3)=-13<0$ jeweils streng monoton fallend sowie im Bereich $x>6$ mit $g'(7)=0{,}36>0$ streng monoton steigend.

Wendepunkte

Die zweite Ableitung $g''(x)=\frac{32}{(x-2)^3}$ hat keine Nullstellen, folglich hat g auch keine Wendepunkte.

Asymptote

Mittels Polynomdivision wird der Funktionsterm zur Untersuchung zu $x+6+\frac{16}{x-2}$ umgeformt. Dieser zeigt: Für betragsmäßig große Werte von x nähert sich der Graph von g einer Geraden $y=x+6$ an. Dieses ist die Asymptote von g.

Skizze: Graph der Funktion g

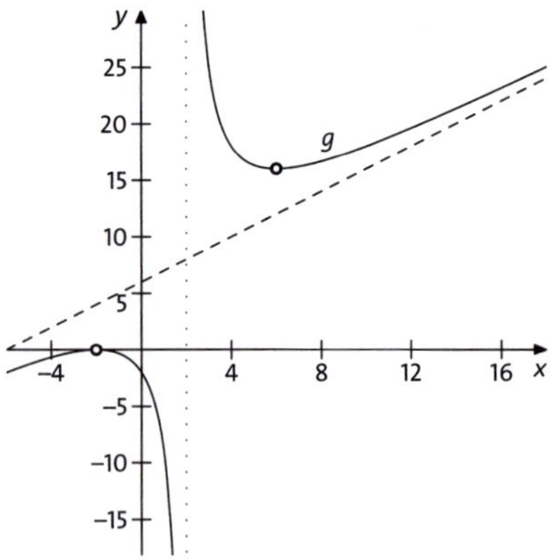

Führen Sie für die Funktionsschar $h_k(x) = x \cdot \sqrt{k^2 - x^2}$, $k > 0$ eine Funktionsuntersuchung durch und skizzieren Sie den Graphen von h_2.

AFB II

Definitionsbereich

Die Funktion ist nur dann in $\mathbb{R}$ definiert, wenn der **Radikand** $k^2 - x^2$ positiv oder null ist. Wird also k festgelegt, dann liegen auch die zulässigen Werte für x fest, sie dürfen betragsmäßig k nicht übersteigen. Es gilt $D_{h_k} = \{x \in \mathbb{R} \mid -k \leq x \leq k\}$.

Verhalten im Unendlichen

Diese Untersuchung entfällt, da der Definitionsbereich von h_k in einem abgeschlossenen Intervall liegt.

Symmetrieverhalten

Es gilt $h_k(-x) = (-x) \cdot \sqrt{k^2 - (-x)^2} = -x \cdot \sqrt{k^2 - x^2} = -h_k(x)$, d. h., die Graphen von h_k sind ungerade bzw. punktsymmetrisch zum Ursprung.

Achsenschnittpunkte

Mit $h_k(0) = 0$ liegt der Schnittpunkt mit der y-Achse bei $(0 \mid 0)$. Dies ist gleichzeitig auch ein Schnittpunkt mit der x-Achse. Weitere Nullstellen ermittelt man, indem der Radikand null gesetzt wird. Es ergeben sich $x_2 = +k$ und $x_3 = -k$ bzw. $SP_{x1}(k \mid 0)$ und $SP_{x1}(-k \mid 0)$.

Extrempunkte

Die erste Ableitung lautet $h_k'(x) = \sqrt{k^2 - x^2} + x \cdot \dfrac{-2x}{2 \cdot \sqrt{k^2 - x^2}} = \dfrac{k^2 - 2x^2}{\sqrt{k^2 - x^2}}$

Die notwendige Bedingung ist dann erfüllt, wenn der Zähler null wird.

$k^2 - 2x^2 = 0$ liefert die Lösungen $x_1 = +\dfrac{k}{\sqrt{2}}$ und $x_2 = -\dfrac{k}{\sqrt{2}}$. Beide Werte liegen innerhalb des Definitionsbereiches.

Beide Werte werden in die zweite Ableitung $h_k''(x) = \dfrac{-3k^2 \cdot x + 2x^3}{(\sqrt{k^2 - x^2})^3}$ eingesetzt (hinreichende Bedingung).

10

AFB II

Fortsetzung: Führen Sie für die Funktionsschar $h_k(x) = x \cdot \sqrt{k^2 - x^2}$, $k > 0$ eine Funktionsuntersuchung durch und skizzieren Sie den Graphen von h_2.

Da der Nenner stets positiv ist, genügt es, in den Zählerterm einzusetzen:

Für x_1 berechnet man: $-3k^2 \cdot \frac{k}{\sqrt{2}} + 2 \cdot \left(\frac{k}{\sqrt{2}}\right)^3 = \frac{-3k^3}{\sqrt{2}} + \frac{2k^3}{2\sqrt{2}} = -\frac{k^3}{\sqrt{2}} < 0$

Es liegt an dieser Stelle ein Hochpunkt vor.

Für x_2 berechnet man: $-3k^2 \cdot -\frac{k}{\sqrt{2}} + 2 \cdot \left(-\frac{k}{\sqrt{2}}\right)^3 = \frac{3k^3}{\sqrt{2}} + \frac{-2k^3}{2\sqrt{2}} = \frac{2k^3}{\sqrt{2}} > 0$

Es liegt an dieser Stelle ein Tiefpunkt vor.

Mit y-Koordinaten erhält man: HP $\left(\frac{k}{\sqrt{2}} \mid \frac{k^2}{2}\right)$ und TP $\left(-\frac{k}{\sqrt{2}} \mid -\frac{k^2}{2}\right)$.

Wendepunkte

Die zweite Ableitung lautet $h_k''(x) = \frac{-3k^2 \cdot x + 2x^3}{(\sqrt{k^2 - x^2})^3}$

- Die notwendige Bedingung ist dann erfüllt, wenn der Zähler null wird. $-3k^2 \cdot x + 2x^3 = x \cdot (-3k^2 + 2x^2) = 0$ lässt die erste Lösung $x_1 = 0$ erkennen. Weitere Lösungen erwartet man von dem Klammerausdruck. Dieser liefert $x_2 = +\sqrt{\frac{3}{2}} \cdot k$ und $x_3 = -\sqrt{\frac{3}{2}} \cdot k$. Beide Werte liegen jedoch außerhalb des Definitionsbereiches und sind deshalb nur Scheinlösungen.
- Die hinreichende Bedingung von x_1 erfüllt man mit Teststellen: $h_k''(-1) = \frac{3k^2 - 2}{(\sqrt{k^2 - x^2})^3} > 0$ und $h_k''(1) = \frac{-3k^2 + 2}{(\sqrt{k^2 - x^2})^3} < 0$, also ein Krümmungswechsel von links zu rechts am Wendepunkt $(0 \mid 0)$.

Skizze: Der Graph der Funktion h_2

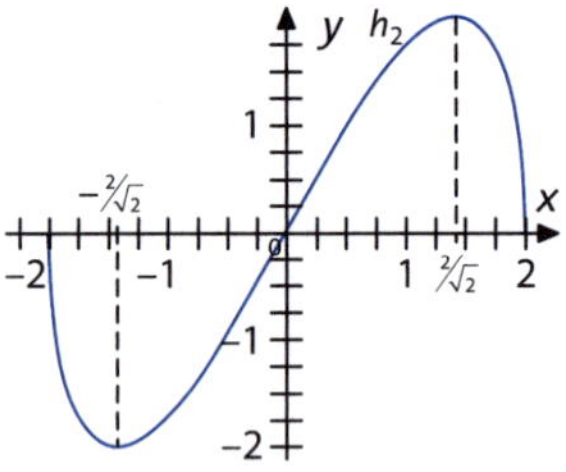

11

Ordnen Sie die folgenden Funktionsgleichungen r_1, r_2 und r_3 den Schaubildern zu und begründen Sie Ihre Wahl.

AFB II

M1

$$r_1(x) = \frac{4x-4}{(1+x)^2} + 4 \qquad r_2(x) = \frac{-4x}{(1+x)^2} - 4 \qquad r_3(x) = \frac{-4x-4}{(1+x)^2}$$

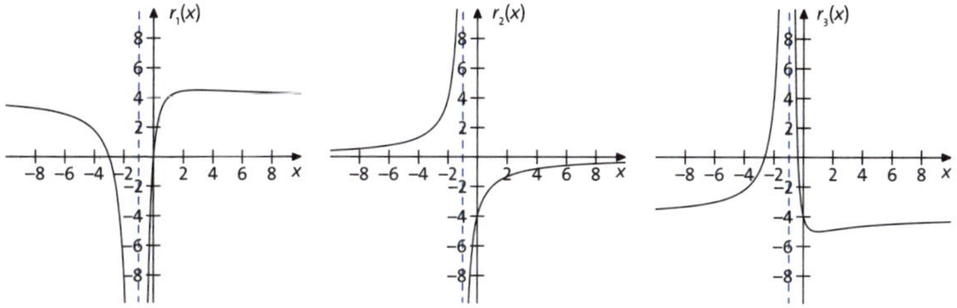

- Da alle drei Funktionen bei $x = -1$ eine Polstelle haben, scheidet dieses (oft erste) Entscheidungskriterium aus.
- Der linke der drei Graphen ist der einzige, der durch den Ursprung verläuft. $r_1(0) = 0$ erfüllt als einzige Funktion dieses Kriterium.
- Der rechte Graph nähert sich für $x \to \pm\infty$ an die Asymptote $y = -4$ an. Dieses Kriterium erfüllt nur die Funktion r_2.
- Der mittlere Graph strebt für $x \to \pm\infty$ gegen null. Dieses Kriterium erfüllt nur die Funktion r_3.

Tipp

Schulen Sie Ihr Auge für **mathematische Argumente,** wie z. B. die in dieser Aufgabe. In Prüfungen liegt der Schwerpunkt zunehmend auf solchen Qualitäten und weniger auf dem Herunterrechnen von Algorithmen.

KAPITEL 5

Analysis – Rekonstruktion einer Funktion und Extremwertprobleme

Alle Fragen im Überblick

AFB II

1 **Ermitteln Sie** die Gleichung $p(x) = ax^2 + bx + c$ der Parabeln jeweils aus den folgenden Bedingungen.

2 **Ermitteln Sie** die Funktionsgleichung 3. Grades der Funktion s anhand der folgenden Angaben: Der Graph der Funktion s hat einen Sattelpunkt an der Stelle $x = 3$; außerdem sind bekannt: $s(1) = 8$ und $s'(1) = 3$.

3 **Ermitteln Sie** die Funktionsgleichung 4. Grades der Funktion f anhand der folgenden Angaben: Der Graph der Funktion f ist symmetrisch zur y-Achse, hat im Punkt $Q(2|0)$ die Steigung $m = 2$ und einen Wendepunkt an der Stelle $x = 1$.

4 **Bestimmen Sie** die reellen Parameter a und b so, dass die Funktion $r(x) = \frac{x^2 - a}{(x - b)^2}$, $x \neq b$ an der Stelle $x = 4$ ein lokales Extremum und an der Stelle $x = 5$ einen Wendepunkt hat.

5 **Ermitteln Sie** diejenige Exponentialfunktion der Form $f(x) = a \cdot e^{bx}$, die jeweils die folgenden Bedingungen erfüllt.

AFB III

6 **Ermitteln Sie** für die abgebildete quadratische Säule die minimale Oberfläche O bei einem gegebenen Volumen V.

7 **Ermitteln Sie** die maximale Fläche eines Rechtecks, das innerhalb der Graphen der Funktion $f(x) = \frac{1}{2}(e^x + e^{-x})$ und der Geraden p liegt.

Ermitteln Sie die Gleichung $p(x) = ax^2 + bx + c$ der Parabeln jeweils aus den folgenden Bedingungen.

AFB II

M1

a) Der Graph von p verläuft durch die Punkte $P_1(-1|1)$, $P_2(0|0)$ und $P_3(2|4)$.
b) Der Graph von p verläuft durch die Punkte $P_1(0|-1)$, $P_2(1|1)$ und hat in P_2 die Steigung $m = 2$.
c) Die Parabel hat die Nullstellen bei $x_1 = 1$ und $x_2 = 2$, und sie schneidet die y-Achse bei $y = 2$.
d) Die Parabel schneidet die Funktion $f(x) = x^3$ an den Stellen $x_1 = -1$, $x_2 = 0$ und $x_3 = 1$.

Lösung zu a)

1. Die Angaben aus den Punktkoordinaten werden jeweils in der Parabelgleichung $p(x) = ax^2 + bx + c$ verarbeitet:

$$1 = a(-1)^2 + b(-1) + c$$
$$0 = a(0)^2 + b(0) + c$$
$$4 = a(2)^2 + b(2) + c$$

Berechnet und umsortiert erhält man das lineare Gleichungssystem

$$a - b + c = 1$$
$$c = 0$$
$$4a + 2b + c = 4$$

2. Die Lösung des linearen Gleichungssystems ergibt $a = 1$ und $b = c = 0$.
3. Entsprechend den Lösungen werden die Parameter in der Parabelgleichung ersetzt: $p(x) = 1x^2 + 0x + 0 = x^2$. Ergebnis ist in diesem Fall die Normalparabel.

Lösung zu b)

1. Verfahren wird wie in der vorherigen Lösung gezeigt. Zusätzlich erfolgt die Verarbeitung für die Angabe „hat in P_2 die Steigung $m = 2$" mithilfe der ersten Ableitung von p mit $p'(x) = 2ax + b$: $2 = 2a(1) + b$.
Zusammengefasst erhält man das folgende lineare Gleichungssystem:

$$c = -1$$
$$a + b + c = 1$$
$$2a + b = 2$$

1

AFB II

Fortsetzung: Ermitteln Sie die Gleichung $p(x) = ax^2 + bx + c$ der Parabeln jeweils aus den folgenden Bedingungen.

2. Die Lösung des linearen Gleichungssystems ergibt $a = 0$, $b = 2$ und $c = -1$.
3. Die Funktionsgleichung lautet $p(x) = 2x - 1$.

Tipp

In dieser Teilaufgabe wurde statt einer Parabel eine Gerade ermittelt. Es kommt vor, dass Sie durch eigene Rechnung Angaben aus der Aufgabenstellung widerlegen. Falls Sie nicht in der Aufgabenstellung ausdrücklich dazu aufgefordert werden, dokumentieren Sie den **Widerspruch** trotzdem. Vor allem aber lernen Sie, Ihren **eigenen Ergebnissen zu vertrauen!**

Lösung zu c)

1. Alternativ zu den beiden vorherigen Lösungen kann auch folgendermaßen vorgegangen werden: Aus dem Schnittpunkt mit der y-Achse folgt $c = 2$. Diese Lösung kann ohne Weiteres in die verbleibenden Gleichungen des linearen Gleichungssystems eingefügt werden:

$$\begin{aligned} a + b + 2 &= 0 \\ 4a + 2b + 2 &= 0 \end{aligned}$$

2. Die weiteren Lösungen $a = 1$ und $b = -3$ ergeben $p(x) = x^2 - 3x + 2$.

Lösung zu d)

1. Vorlaufend müssen hier zunächst die x-Werte in die bekannte Funktion $f(x) = x^3$ eingesetzt werden, um die notwendigen Angaben für die y-Koordinaten zu erhalten.
2. Dann kann die Aufstellung des linearen Gleichungssystems wie gewohnt erfolgen:

$$\begin{aligned} a - b + c &= -1 \\ c &= 0 \\ a + b + c &= 1 \end{aligned}$$

3. Auch hier ist das Endergebnis eine Gerade mit $p(x) = x$.

Ermitteln Sie die Funktionsgleichung 3. Grades der Funktion *s* anhand der folgenden Angaben.

AFB II

M1 Der Graph der Funktion *s* hat einen Sattelpunkt an der Stelle $x = 2$; außerdem sind bekannt: $s(1) = 8$ und $s'(1) = 3$.

1. Der allgemeine Ansatz des gesuchten Polynoms ist $s(x) = ax^3 + bx^2 + cx + d$. Für die Angabe $s(1) = 8$ ermitteln wir damit diese erste Bedingungsgleichung zu

$$a + b + c + d = 8$$

Mehr Angaben zu Punkten auf dem Graphen liegen nicht vor. Weitere Angaben betreffen Qualitäten wie Steigung oder Krümmung. Hierfür werden die Ableitungen des allgemeinen Ansatzes gebraucht, $s'(x) = 3ax^2 + 2bx + c$ und $s''(x) = 6ax + 2b$.
Die Angabe $s'(1) = 3$ führt zu einer weiteren Bedingungsgleichung:

$$3a + 2b + c = 3$$

Die Angaben zum Sattelpunkt enthalten $s'(2) = 0$ sowie $s''(2) = 0$ und ergeben

$$12a + 4b + c = 0$$
$$12a + 2b = 0$$

Die vier Bedingungsgleichungen ergeben zusammen das lineare Gleichungssystem.
2. Die Lösung des linearen Gleichungssystems führt zu $a = 1$, $b = -6$, $c = 12$ und $d = 1$.
3. Die gesuchte Funktionsgleichung lautet

$$s(x) = x^4 - 6x^2 + 12x + 1$$

Tipp

Die getrennte Betrachtung der Angaben nach Punkten auf dem Graphen und Qualitäten, wie Steigung und Krümmung, ist empfehlenswert, da eine **strukturierte Herangehensweise** sicherer ist und die Übersichtlichkeit verbessert.

3

AFB II

Ermitteln Sie die Funktionsgleichung 4. Grades der Funktion f anhand der folgenden Angaben.

M1 Der Graph der Funktion f ist symmetrisch zur y-Achse, hat im Punkt Q $(2|0)$ die Steigung $m=2$ und einen Wendepunkt an der Stelle $x=1$.

1. Aufgrund der Angabe zur Symmetrie bleiben von dem allgemeinen Ansatz eines Polynoms 4. Grades nur die Terme mit geradem Exponenten und das Absolutglied übrig:

$$f(x) = ax^4 + bx^2 + c$$

2. Als einziger Punkt ist Q $(2|0)$ angegeben, aus ihm ergibt sich die erste Bedingungsgleichung zu

$$16a + 4b + c = 0$$

Die angegebenen Qualitäten, wie $f'(2) = 2$ und $f''(1) = 0$, führen zu zwei weiteren Bedingungsgleichungen

$$32a + 4b = 2$$
$$12a + 2c = 0$$

3. Das sich aus den drei Bedingungsgleichungen ergebende lineare Gleichungssystem hat die Lösungen $a = \frac{1}{4}$, $b = -\frac{3}{2}$ und $c = 2$.

4. Die gesuchte Funktionsgleichung lautet

$$f(x) = \frac{1}{4}x^4 - \frac{3}{2}x^2 + 2$$

Bestimmen Sie die reellen Parameter a und b so, dass die Funktion $r(x)=\frac{x^2-a}{(x-b)^2}$, $x \neq b$ an der Stelle $x=4$ ein lokales Extremum und an der Stelle $x=5$ einen Wendepunkt hat.

AFB II

1. Die Bedingung $x=4$ wird in die erste Ableitung $r'(x)=\frac{-2bx+2a}{(x-b)^3}$ eingesetzt, das Ergebnis wird gleich null gesetzt:

$$\frac{-8b+2a}{(4-b)^3}=0$$

Wegen $x \neq b \neq 4$ wird nur der Zähler auf Nullstellen untersucht:

$$-8b+2a=0$$

2. Die Bedingung $x=5$ wird in die zweite Ableitung $r''(x)=\frac{2b^2+4bx-6a}{(x-b)^4}$ eingesetzt, das Ergebnis wird gleich null gesetzt:

$$\frac{2b^2+20b-6a}{(5-b)^4}=0$$

Wegen $x \neq b \neq 5$ wird nur der Zähler auf Nullstellen untersucht:

$$b^2+10b-3a=0$$

3. Zu lösen ist das lineare Gleichungssystem:

$$-8b+2a=0$$
$$b^2+10b-3a=0$$

Die Nebenbedingungen lauten $b \neq 4$ und $b \neq 5$.
Die erste Gleichung nach a umgestellt ergibt

$$a=4b$$

4

AFB II

Fortsetzung: Bestimmen Sie die reellen Parameter a und b so, dass die Funktion $r(x)=\frac{x^2-a}{(x-b)^2}, x\neq b$ an der Stelle $x=4$ ein lokales Extremum und an der Stelle $x=5$ einen Wendepunkt hat.

Setzt man dies in die zweite Gleichung ein, erhält man

$$b^2-2b=0$$

Die Lösungen der quadratischen Gleichung sind $b_1=0$ und $b_2=2$.
Mit $b_1=0$ und daraus $a=0$ ergibt sich die gesuchte Funktion zu

$$r(x)=\frac{x^2}{x^2}=1, x\neq 0$$

Diese Funktion erfüllt nicht die vorgegebenen Bedingungen, mit $b_1=0$ handelt es sich nur um eine Scheinlösung.
Mit $b_2=2$ und daraus $a=8$ ergibt sich die gesuchte Funktion zu

$$r(x)=\frac{x^2-8}{(x-2)^2}, x\neq 2$$

Diese Funktion erfüllt alle Bedingungen.

4. Einziges Ergebnis ist die Funktion

$$r(x)=\frac{x^2-8}{(x-2)^2}$$

Ermitteln Sie diejenige Exponentialfunktion der Form $f(x) = a \cdot e^{bx}$, die jeweils die folgenden Bedingungen erfüllt.

AFB II

M1

a) $f(0) = 1, f'(0) = 3$

b) $f(0) = 2, f'(0) = -2$

c) $f(0) = 2, f(1) = 2 \cdot e^2$

d) $f(0) = 1, f(1) = 2$

Lösung zu a)

1. Die erste Bedingung liefert $a \cdot e^0 = 1 \quad \Rightarrow \quad a = 1$.
2. Die erste Ableitung lautet $f'(x) = b \cdot e^{bx}$, die zweite Bedingung liefert $b \cdot e^0 = 3 \quad \Rightarrow \quad b = 3$.
3. Die gesuchte Funktion lautet $f(x) = e^{3x}$.

Lösung zu b)

1. Die erste Bedingung liefert $a \cdot e^0 = 2 \quad \Rightarrow \quad a = 2$.
2. Die erste Ableitung lautet $f'(x) = 2 \cdot b \cdot e^{bx}$, die zweite Bedingung liefert $2 \cdot b \cdot e^0 = -2 \quad \Rightarrow \quad b = -1$.
3. Die gesuchte Funktion lautet $f(x) = 2e^{-x}$.

Lösung zu c)

1. Die erste Bedingung liefert $a \cdot e^0 = 2 \quad \Rightarrow \quad a = 2$.
2. Mit $f(x) = 2 \cdot e^{bx}$ liefert die zweite Bedingung $2 \cdot e^b = 2 \cdot e^2 \quad \Rightarrow \quad b = 2$.
3. Die gesuchte Funktion lautet $f(x) = 2e^{2x}$.

Lösung zu d)

1. Die erste Bedingung liefert $a \cdot e^0 = 1 \quad \Rightarrow \quad a = 1$.
2. Mit $f(x) = e^{bx}$ liefert die zweite Bedingung $e^b = 2 \quad \Rightarrow \quad b = \ln(2)$.
3. Die gesuchte Funktion lautet $f(x) = e^{\ln(2) \cdot x} = 2^x$.

6

Ermitteln Sie für die abgebildete quadratische Säule die minimale Oberfläche *O* bei einem gegebenen Volumen *V*.

AFB III

M1 Quadratische Säule, z. B. Kartonverpackung

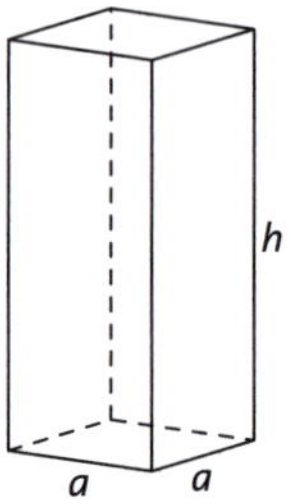

1. Die **Hauptbedingung** überführt die zu optimierende, veränderliche Größe der Aufgabe, hier die Oberfläche O, in eine Funktionsgleichung. Diese lautet mit den angegebenen Variablen:

$$O(a, h) = 2 \cdot a^2 + 4 \cdot ah$$

2. In der **Nebenbedingung** wird die fixe Größe der Aufgabe, hier das Volumen, in eine formelmäßige Beziehung zu den Variablen, hier a und h, gebracht. Die Formel lautet:

$$V = a^2 \cdot h$$

Mithilfe der Nebenbedingung soll die Hauptbedingung um eine Variable reduziert werden, damit eine eindeutige rechnerische Bearbeitung erfolgen kann. Dazu wird die Nebenbedingung zuerst nach einer der beiden Variablen umgestellt, der Einfachheit halber hier nach h, man erhält:

$$h = \frac{V}{a^2}$$

3. Durch Einsetzen der Nebenbedingung in die Hauptbedingung erhält man die sogenannte **Zielfunktion.** Diese beschreibt den Sachverhalt der Aufgabe als eine Funktionsgleichung mit einer Variablen:

$$O(a) = 2a^2 + 4a \cdot \frac{V}{a^2} = 2a^2 + 4\frac{V}{a}$$

Fortsetzung: Ermitteln Sie für die abgebildete quadratische Säule die minimale Oberfläche O bei einem gegebenen Volumen V.

AFB III

4. Gesucht wird die minimale Oberfläche, das bedeutet, dass die Funktion $O(a)$ auf Extrema, hier ein Minimum, zu untersuchen ist. Es wird die erste Ableitung null gesetzt (notwendige Bedingung):

$$O'(a) = 4a - 4\frac{V}{a^2} = 0$$

Die einzige Lösung der Gleichung ist $a = \sqrt[3]{V}$.
Durch Einsetzen von a in die zweite Ableitung (hinreichende Bedingung) ist zu prüfen, ob es sich um ein Minimum handelt:

$$O''(\sqrt[3]{V}) = 4 + 8\frac{V}{(\sqrt[3]{V})^3} = 4 + 8 = 12 > 0$$

Tatsächlich liegt an der untersuchten Stelle ein Minimum vor. Da kein Definitionsbereich notwendig war, gibt es keine zu untersuchenden Randbereiche.

5. Die gesuchte Minimaloberfläche berechnet man mithilfe der Zielfunktion zu

$$O(\sqrt[3]{V}) = 2(\sqrt[3]{V})^2 + 4\frac{V}{(\sqrt[3]{V})} = 2(\sqrt[3]{V})^2 + 4\frac{(\sqrt[3]{V})^3}{(\sqrt[3]{V})} = 2(\sqrt[3]{V})^2 + 4(\sqrt[3]{V})^2 = 6(\sqrt[3]{V})^2$$

Tipp

Achten Sie bei diesem Aufgabentyp besonders auf den **Wortlaut der Aufgabenstellung.** Es kann, wie in diesem Fall, nach der Oberfläche gefragt sein, es könnte aber auch nach der Höhe h des Körpers bei minimaler Oberfläche gefragt sein.

7

Ermitteln Sie die maximale Fläche eines Rechtecks, das innerhalb der Graphen der Funktion $f(x) = \frac{1}{2}(e^x + e^{-x})$ und der Geraden p liegt.

AFB III

M1 Rechteck innerhalb der Graphen von p und f.

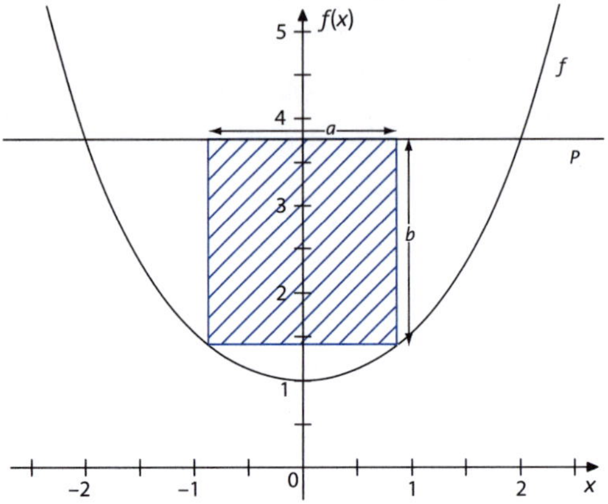

Hinweis: Die Gerade p schneidet den Graphen von f an den Stellen $x_1 = -2$ und $x_2 = 2$.

1. Hauptbedingung

Die Hauptbedingung stellt die Formel der zu optimierenden geometrischen Größe dar. Diese lautet hier $A(a,b) = a \cdot b$.

2. Nebenbedingungen

Bei diesem Typ Extremwertaufgaben werden die Variablen a und b ausgedrückt als x-Werte und Funktionswerte der begrenzenden Funktion, hier f.

Da das Rechteck symmetrisch zur y-Achse ist, betrachtet man am besten den Bereich der positiven x-Werte im Intervall $[0,2]$ und nimmt die entsprechende Größe mal 2. Die Nebenbedingungen lauten:
Für a gilt $a = 2 \cdot x$ mit $0 < x < 2$;

für b gilt $b = f(2) - f(x) = \frac{1}{2}(e^2 + e^{-2}) - \frac{1}{2}(e^x + e^{-x})$ mit $0 < x < 2$.

Fortsetzung: Ermitteln Sie die maximale Fläche eines Rechtecks, das innerhalb der Graphen der Funktion $f(x)=\frac{1}{2}(e^x+e^{-x})$ und der Geraden p liegt.

AFB III

3. Zielfunktion

Durch Einsetzen der Nebenbedingungen in die Hauptbedingung erhält man die Zielfunktion, in Abhängigkeit einer Variablen:

$$A(x)=2x\cdot\left(\frac{1}{2}(e^2+e^{-2})-\frac{1}{2}(e^x+e^{-x})\right)$$
$$\approx 7{,}52x-x(e^x+e^{-x})$$

4. Notwendige Bedingung

Die notwendige Bedingung lautet $A'(x)=0$, mit der Zielfunktion ermittelt man

$$A'(x)\approx 7{,}52-x(e^x-e^{-x})-(e^x+e^{-x})=0$$
$$\approx 7{,}52+e^{-x}(x-1)-e^x(x+1)=0$$

Diese Gleichung ist algebraisch nicht lösbar. In einem solchen Fall verwendet man ein numerisches Verfahren, z. B. das Newton-Verfahren oder einen GTR.

Als Lösungen ergeben sich dann $x_1\approx -1{,}22$ und $x_2\approx 1{,}22$. In dem betrachteten Intervall ist nur die zweite Lösung von Interesse.

5. Hinreichende Bedingung

Die Lösung für $x_2\approx 1{,}22$ wird in die zweite Ableitung der Funktion $A(x)$ eingesetzt. Diese lautet

$$A''(x)=-e^{-x}\cdot x-e^x\cdot(x+2)$$

Die Rechenarbeit kann man sich sparen, denn sowohl die Exponential- als auch die x-Terme sind in dem Intervall $[0,2]$ stets positiv, sodass mit den negativen Vorzeichen immer negative Ergebnisse vorliegen. Somit nimmt $A(x)$ an der Stelle $x_2\approx 1{,}22$ einen maximalen Wert an.

KAPITEL 6

Analysis – Integralrechnung, Integrationsregeln und Näherungsverfahren

Alle Fragen im Überblick

AFB I

1 **Berechnen Sie** die folgenden einfachen bestimmten Integrale.

2 **Berechnen Sie** die bestimmten Integrale folgender elementar integrierbarer Funktionen.

AFB II

3 (GTR) **Berechnen Sie** das Integral $\int_0^{2,5} dx$ der nicht elementar integrierbaren Funktion $\sqrt{1+x^4}$ mit dem GTR.

4 (GTR) **Berechnen Sie** das Integral $\int_{0,5}^{3} dx$ der nicht elementar integrierbaren Funktion $\frac{e^x}{x}$ mit dem GTR.

5 **Berechnen Sie** die folgenden Integrale mithilfe partieller Integration.

6 **Berechnen Sie** die folgenden Integrale mithilfe linearer Substitution.

7 **Berechnen Sie** die folgenden Integrale mithilfe der Partialbruchzerlegung.

8 **Berechnen Sie** die folgenden uneigentlichen Integrale.

9 **Berechnen Sie** das Integral $\int_0^1 x^3 dx$ exakt sowie mithilfe der keplerschen Fassregel und **vergleichen Sie** die Ergebnisse.

Berechnen Sie die folgenden einfachen bestimmten Integrale.

AFB I

M1

a) $\int_0^2 2x\,dx$ b) $\int_{-\pi}^{\pi} -\sin(x)\,dx$ c) $\int_1^e \frac{1}{x}\,dx$ d) $\int_0^1 e^x\,dx$

Lösung zu a)

$$\int_0^2 2x\,dx = \left[x^2\right]_0^2 = 2^2 - 0^2 = 4$$

Lösung zu b)

$$\int_{-\pi}^{\pi} -\sin(x)\,dx = \left[\cos(x)\right]_{-\pi}^{\pi} = \cos(\pi) - \cos(-\pi) = -1 - (-1) = 0$$

Lösung zu c)

$$\int_1^e \frac{1}{x}\,dx = \left[\ln(x)\right]_1^e = \ln(e) - \ln(1) = 1 - 0 = 1$$

Lösung zu d)

$$\int_0^1 e^x\,dx = \left[e^x\right]_0^1 = e^1 - e^0 = e - 1 \approx 1{,}71$$

Tipp

- Die **Konstante C** bleibt bei bestimmten Integralen **unberücksichtigt,** weil sie bei der Berechnung stets wegfallen würde.
- Die ermittelte **Stammfunktion prüft** man, indem man sie **ableitet.** Ergebnis muss die ursprüngliche Funktion sein.

2

AFB I

Berechnen Sie die bestimmten Integrale folgender elementar integrierbarer Funktionen.

M1

a) $\int_0^1 \left(3x^2 - 2\sqrt{x}\right) dx$

b) $\int_1^2 \frac{x \cdot e^{x+1} - 1}{x} dx$

c) $\int_0^\pi \frac{\cos(t)}{1+3x^2} dt$

d) $\int_1^2 \frac{3x^2 + x - 1}{1+x} dx$

Lösung zu a)

Der Wurzelausdruck wird in die Potenzschreibweise überführt, um die Stammfunktion bilden zu können.

$$\int_0^1 \left(3x^2 - 2\sqrt{x}\right) dx = \int_0^1 \left(3x^2 - 2 \cdot x^{\frac{1}{2}}\right) dx = \left[x^3 - \frac{4}{3} \cdot x^{\frac{3}{2}}\right]_0^1 = 1 - \frac{4}{3} - 0 = -\frac{1}{3}$$

Lösung zu b)

Um die Linearität bei der Berechnung nutzen zu können, wird der Bruch in zwei Teilbrüche zerlegt.

$$\begin{aligned}
\int_1^2 \frac{x \cdot e^{x+1} - 1}{x} dx &= \int_1^2 \frac{x \cdot e^{x+1}}{x} - \frac{1}{x} dx \\
&= \int_1^2 e^{x+1} - \frac{1}{x} dx \\
&= \int_1^2 e \cdot e^x \, dx - \int_1^2 \frac{1}{x} dx \\
&= \left[e \cdot e^x\right]_1^2 - \left[\ln(x)\right]_1^2 \\
&= e^3 - e^2 - (\ln(2) - \ln(1)) \\
&= e^3 - e^2 - \ln(2) \\
&\approx 12{,}00
\end{aligned}$$

Fortsetzung: Berechnen Sie die bestimmten Integrale folgender elementar integrierbaren Funktionen.

AFB I

Lösung zu c)

In diesem Fall ist durch das Differenzial $\mathrm{d}t$ festgelegt, nach welcher Variablen zu integrieren ist. Hier ist also x ein Parameter, der wie eine Zahl zu behandeln ist.

$$\int_0^{\pi} \frac{\cos(t)}{1+3x^2}\,\mathrm{d}t = \left[\frac{1}{1+3x^2}\cdot\sin(t)\right]_0^{\pi} = 0-0=0$$

Lösung zu d)

In diesem Fall kann die Linearität erzeugt werden, indem man für den Bruch eine Polynomdivision durchführt. Das Ergebnis ist

$$\frac{3x^2+x-1}{1+x} = 3x-2+\frac{1}{1+x}$$

Damit wird die Integration durchgeführt:

$$\begin{aligned}\int_1^2 \frac{3x^2+x-1}{1+x}\,\mathrm{d}x &= \int_1^2 3x-2\,\mathrm{d}x + \int_1^2 \frac{1}{1+x}\,\mathrm{d}x\\ &= \left[\frac{3}{2}x^2-2x\right]_1^2 + \left[\ln(1+x)\right]_1^2\\ &= \left[\left(6-\frac{3}{2}\right)-(4-2)\right]+\left[\ln(3)-\ln(2)\right]\\ &= \left[\frac{5}{2}\right]+\left[\ln\left(\frac{2}{3}\right)\right]\\ &\approx 2{,}91\end{aligned}$$

3

AFB II

GTR

Berechnen Sie das Integral $\int_0^{2,5} dx$ der nicht elementar integrierbaren Funktion $\sqrt{1+x^4}$ mit dem GTR.

Die Funktion $\sqrt{1+x^4}$ besitzt keine direkt zu ermittelnde Stammfunktion, d. h., sie ist nicht elementar integrierbar. Mithilfe des GTR lässt sich das bestimmte Integral berechnen: $\int_0^{2,5} \sqrt{1+x^4}\, dx \approx 6,24$.

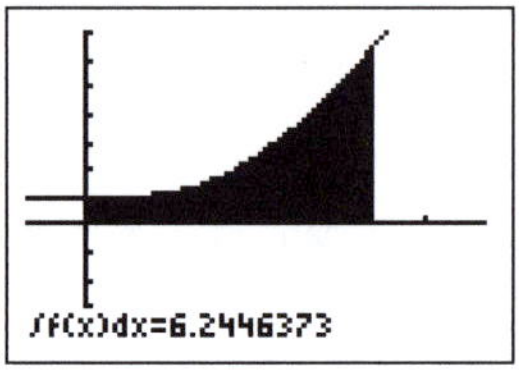

4

AFB II

GTR

Berechnen Sie das Integral $\int_{0,5}^{3} dx$ der nicht elementar integrierbaren Funktion $\frac{e^x}{x}$ mit dem GTR.

Auch die Funktion $\frac{e^x}{x}$ besitzt keine direkt zu ermittelnde Stammfunktion. Mithilfe des GTR lässt sich das bestimmte Integral berechnen: $\int_{0,5}^{3} \frac{e^x}{x}\, dx \approx 9,48$.

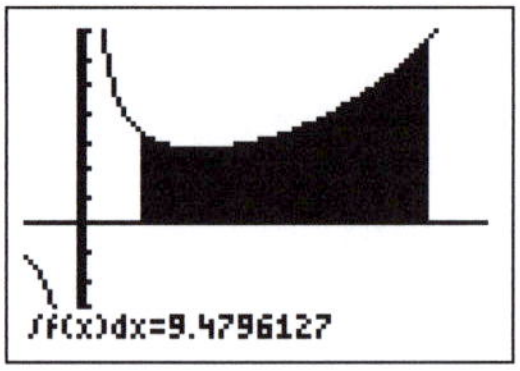

Berechnen Sie die folgenden Integrale mithilfe partieller Integration.

AFB II

M1 a) $\int_0^1 x^2 \cdot e^x \, dx$ b) $\int \sin(x) \cdot \cos(x) \, dx$ c) $\int_0^\pi e^x \cdot \sin(x) \, dx$

Lösung zu a)

Die partielle Integration wird mit dem unbestimmten Integral durchgeführt, die Integrationsgrenzen werden zuletzt eingesetzt.

1. Der Einfachheit halber setzt man $u(x) = x^2$ und $v'(x) = e^x$, also ist $u'(x) = 2x$ und $v(x) = e^x$.
2. Mithilfe der Formel der partiellen Integration ermittelt man

$$\int x^2 \cdot e^x \, dx = x^2 \cdot e^x - \int 2x \cdot e^x \, dx$$

3. Auf das verbliebene Integral muss ebenfalls die partielle Integration angewendet werden, diesmal mit $u(x) = 2x$ und $v'(x) = e^x$, also ist $u'(x) = 2$ und $v(x) = e^x$.
4. Die neuerliche Anwendung der Formel liefert

$$\int x^2 \cdot e^x \, dx = x^2 \cdot e^x - \left(2x \cdot e^x - \int 2 \cdot e^x \, dx\right) = x^2 \cdot e^x - 2x \cdot e^x + 2 \cdot e^x$$
$$= e^x (x^2 - 2x + 2)$$

5. Das Ergebnis erhält man durch Einsetzen der Integrationsgrenzen:

$$\int_0^1 x^2 \cdot e^x \, dx = \left(e \cdot (1 - 2 + 2)\right) - \left(1(0 - 0 + 2)\right) = e - 2 \approx 0{,}72$$

Lösung zu b)

1. In diesem Fall ist die Auswahl von $u(x)$ und $v'(x)$ einerlei, beispielsweise setzt man $u(x) = \sin(x)$ und $v'(x) = \cos(x)$, also ist $u'(x) = \cos(x)$ und $v(x) = \sin(x)$.
2. Mithilfe der Formel der partiellen Integration ermittelt man

$$\int \sin(x) \cdot \cos(x) \, dx = \sin^2(x) - \int \sin(x) \cdot \cos(x) \, dx$$

3. Das verbliebene Integral ist identisch mit dem Ausgangsintegral, eine weitere partielle Integration führt hier nicht weiter.

Addiert man das Integral auf beiden Seiten der Gleichung, erhält man:

$$2 \cdot \int \sin(x) \cdot \cos(x) \, dx = \sin^2(x) \text{ und weiter}$$
$$\int \sin(x) \cdot \cos(x) \, dx = \frac{1}{2} \sin^2(x) \text{ als Ergebnis!}$$

5

AFB II

Fortsetzung: Berechnen Sie die folgenden Integrale mithilfe partieller Integration.

Lösung zu c)

Die partielle Integration wird mit dem unbestimmten Integral durchgeführt, die Integrationsgrenzen werden zuletzt eingesetzt.

1. Auch in diesem Fall ist die Auswahl von $u(x)$ und $v'(x)$ einerlei, beispielsweise setzt man $u(x)=\sin(x)$ und $v'(x)=\mathrm{e}^x$, also ist $u'(x)=\cos(x)$ und $v(x)=\mathrm{e}^x$.
2. Mithilfe der Formel der partiellen Integration ermittelt man
$$\int \mathrm{e}^x \cdot \sin(x)\,\mathrm{d}x = \mathrm{e}^x \cdot \sin(x) - \int \mathrm{e}^x \cdot \cos(x)\,\mathrm{d}x$$
3. Auf das verbliebene Integral muss ebenfalls die partielle Integration angewendet werden, diesmal mit $u(x)=\cos(x)$ und $v'(x)=\mathrm{e}^x$, also ist $u'(x)=-\sin(x)$ und $v(x)=\mathrm{e}^x$.
4. Die neuerliche Anwendung der Formel für das verbliebene Integral liefert
$$\int \mathrm{e}^x \cdot \cos(x)\,\mathrm{d}x = \mathrm{e}^x \cdot \cos(x) + \int \mathrm{e}^x \cdot \sin(x)\,\mathrm{d}x$$
5. Insgesamt ergibt sich
$$\int \mathrm{e}^x \cdot \sin(x)\,\mathrm{d}x = \mathrm{e}^x \cdot \big(\sin(x) - \cos(x)\big) - \int \mathrm{e}^x \cdot \sin(x)\,\mathrm{d}x$$
6. Auch in diesem Fall ist das verbliebene Integral identisch mit dem Ausgangsintegral. Man verfährt also analog zur Lösung von b), mit dem Ergebnis
$$\int \mathrm{e}^x \cdot \sin(x)\,\mathrm{d}x = \frac{\mathrm{e}^x}{2} \cdot \big(\sin(x) - \cos(x)\big)$$
7. Das Ergebnis des bestimmten Integrals erhält man durch Einsetzen der Integrationsgrenzen:
$$\int_0^{\pi} \mathrm{e}^x \cdot \sin(x)\,\mathrm{d}x = \left(\frac{\mathrm{e}^{\pi}}{2}\right) - \left(-\frac{1}{2}\right) = \frac{\mathrm{e}^{\pi}+1}{2} \approx 12{,}07$$

Berechnen Sie die folgenden Integrale mithilfe linearer Substitution.

AFB II

M1

a) $\int \sqrt{1+x}\,dx$ b) $\int e^{2x-1}\,dx$ c) $\int_0^2 \frac{4}{3x+2}\,dx$ d) $\int_0^{\pi} \cos(100x)\,dx$

Lösung zu a)

Mithilfe des Zusammenhangs $\int f(ax+b)\,dx = \frac{1}{a}\cdot F(ax+b)+C,\ a\neq 0$ ermittelt man die Lösung zu

$$\int \sqrt{1+x}\,dx = \int (1+x)^{\frac{1}{2}}\,dx = \frac{1}{1}\cdot\frac{2}{3}(1+x)^{\frac{3}{2}}+C = \frac{2}{3}(1+x)^{\frac{3}{2}}+C$$

Lösung zu b)

In diesem Fall ermittelt man die Lösung unmittelbar zu

$$\int e^{2x-1}\,dx = \frac{1}{2}\cdot e^{2x-1}+C$$

Lösung zu c)

Die äußere Funktion ist $f(z)=\frac{1}{z}$, ihre Stammfunktion ist $F(z)=\ln(z)$. Damit berechnet man

$$\int_0^2 \frac{4}{3x+2}\,dx = \left[4\cdot\frac{1}{3}\cdot\ln(3x+2)\right]_0^2 = \left(\frac{4}{3}\cdot\ln(8)\right)-\left(\frac{4}{3}\cdot\ln(2)\right) = \frac{4}{3}\cdot\ln(4) \approx 1{,}85$$

Lösung zu d)

Auch in diesem Fall ermittelt man die Lösung unmittelbar zu

$$\int_0^{\pi} \cos(100x)\,dx = \left[\frac{1}{100}\cdot\sin(100x)\right]_0^{\pi} = \left(\frac{\sin(100\pi)}{100}\right)-\left(\frac{\sin(0)}{100}\right)=0$$

7

AFB II

Berechnen Sie die folgenden Integrale mithilfe der Partialbruchzerlegung.

M1

a) $\int \frac{5x-19}{3x^2-6x-9}\,dx$ b) $\int \frac{x^2+2x+3}{x^3+6x^2+12x+8}\,dx$ c) $\int \frac{x^2-x+1}{(x-1)^2}\,dx$

Lösung zu a)

1. Mit einem geeigneten Verfahren werden die Nullstellen des Nenners bestimmt. Mithilfe der p-q-Formel errechnet man in diesem Fall $x_1=-1$ und $x_2=3$.
2. Der Ansatz für die Partialbruchzerlegung lautet damit

$$\frac{5x-19}{3x^2-6x-9}=\frac{A}{x+1}+\frac{B}{x-3}$$

3. Durchmultiplizieren mit dem Hauptnenner $3x^2-6x-9$ ergibt die Gleichung

$$5x-19=3\cdot A\cdot(x-3)+3\cdot B\cdot(x+1)$$

4. In diese Gleichung werden nacheinander die Nullstellen eingesetzt, so erhält man die Werte für $A=2$ und $B=-\frac{1}{3}$.
5. Jetzt kann das Integral mit den Teilbrüchen (ehem. Partialbrüchen) geschrieben und berechnet werden:

$$\int \frac{5x-19}{3x^2-6x-9}\,dx=\int \frac{2}{x+1}-\frac{1}{3}\cdot\frac{1}{x-3}\,dx=2\ln|x+1|-\frac{1}{3}\ln|x-3|+C$$

Lösung zu b)

1. In diesem Fall werden die Nullstellen des Nenners mithilfe der Polynomdivision bestimmt. Ergebnis ist eine dreifache Nullstelle bei $x=-2$.
2. Der Ansatz für die Partialbruchzerlegung lautet damit

$$\frac{x^2+2x+3}{x^3+6x^2+12x+8}=\frac{A}{x+2}+\frac{B}{(x+2)^2}+\frac{C}{(x+2)^3}$$

3. Durchmultiplizieren mit dem Hauptnenner ergibt die Gleichung

$$x^2+2x+3=A\cdot(x+2)^2+B\cdot(x+2)+C$$

4. Das Einsetzen der einzigen Nullstelle in diese Gleichung liefert zunächst nur den Wert für $C=3$.

Fortsetzung: Berechnen Sie die folgenden Integrale mithilfe der Partialbruchzerlegung.

AFB II

Um an die fehlenden Werte zu gelangen, setzt man für x einfach zu rechnende Zahlen in die Gleichung aus 3. ein, z. B. $x=0$ und $x=1$. Ergebnis ist ein lineares Gleichungssystem, dessen Lösung die Werte $A=1$ und $B=-2$ liefert.

5. Damit kann das Integral mit den Teilbrüchen berechnet werden:

$$\int \frac{x^2+2x+3}{x^3+6x^2+12x+8}\,\mathrm{d}x = \int \frac{1}{x+2} - \frac{2}{(x+2)^2} + \frac{3}{(x+2)^3}\,\mathrm{d}x$$

$$= \ln|x+2| + \frac{2}{x+2} - \frac{3}{2}\cdot\frac{1}{(x+2)^2} + C$$

Lösung zu c)

1. Ist die Potenz des Zählers größer oder gleich der des Nenners, besteht der Lösungsansatz in der Polynomdivision. In diesem Fall ergibt sie

$$\frac{x^2-x+1}{x^2-2x+1} = 1 + \frac{x}{x^2-2x+1}$$

2. Der Bruchterm der Summe ist mit der Partialbruchzerlegung weiter zu bearbeiten. Analog den bisherigen Lösungsansätzen lautet das Ergebnis

$$\frac{x}{x^2-2x+1} = \frac{1}{x-1} + \frac{1}{(x-1)^2}$$

3. Damit kann das Integral mit den Teilbrüchen berechnet werden:

$$\int \frac{x^2-x+1}{(x-1)^2}\,\mathrm{d}x = \int 1 + \frac{1}{x-1} + \frac{1}{(x-1)^2}\,\mathrm{d}x = x + \ln|x-1| - \frac{1}{x-1} + C$$

Tipp

Für die in diesem Kapitel gezeigten **höheren Integrationsregeln,** wie

- partielle Integration,
- lineare Substitution,
- Partialbruchzerlegung und
- Polynomdivision,

sollten Sie neben der Handhabung vor allem die **Merkmale der Integranden korrekt identifizieren** können, um die richtige Wahl des Verfahrens zu treffen. Das letzte Beispiel auf dieser Seite deutet an, dass die Verfahren auch kombiniert auftreten können.

8

Berechnen Sie die folgenden uneigentlichen Integrale.

AFB II

M1

a) $\int_0^\infty e^{-x}\,dx$ b) $\int_1^\infty \frac{1}{\sqrt{x^3}}\,dx$ c) $\int_{-\infty}^\infty \frac{1}{1+x^2}\,dx$ d) $\int_0^\infty x\cdot e^{-x}\,dx$

Lösung zu a)

Bei der praktischen Berechnung der uneigentlichen Integrale ersetzt man die Grenze ∞ durch eine Variable, z. B. b, und berechnet das bestimmte Integral. Dann lässt man b gegen unendlich laufen (lim) und bestimmt das Ergebnis.

In diesem Fall lautet der Lösungsweg:

$$\begin{aligned}\int_0^\infty e^{-x}\,dx &= \lim_{b\to\infty}\int_0^b e^{-x}\,dx\\ &= \lim_{b\to\infty}\left[-e^{-b}+1\right]\end{aligned}$$

Da der Exponentialausdruck $-e^{-b}$ für $b\to\infty$ den Wert null annimmt, lautet das Ergebnis

$$\int_0^\infty e^{-x}\,dx = 1$$

Lösung zu b)

Üblicherweise wird der Wurzelausdruck in die Potenzschriebweise überführt, so auch hier. Es ergibt sich damit folgender Lösungsweg:

$$\begin{aligned}\int_1^\infty \frac{1}{\sqrt{x^3}}\,dx &= \lim_{b\to\infty}\int_1^b x^{-\frac{3}{2}}\,dx\\ &= \lim_{b\to\infty}\left[-2\cdot x^{-\frac{1}{2}}\right]_1^b\\ &= \lim_{b\to\infty}\left(-2\cdot b^{-\frac{1}{2}}-(-2)\right)\end{aligned}$$

Da der Ausdruck $-2\cdot b^{-\frac{1}{2}}$ für $b\to\infty$ den Wert null annimmt, lautet das Ergebnis

$$\int_1^\infty \frac{1}{\sqrt{x^3}}\,dx = 2$$

Fortsetzung: Berechnen Sie die folgenden uneigentlichen Integrale.

AFB II

Lösung zu c)

Bei diesem Beispiel sind beide Grenzen nicht endlich. Die Stammfunktion des Integranden ist der $\arctan(x)$. Damit lautet der Lösungsweg:

$$\int_{-\infty}^{\infty} \frac{1}{1+x^2}\,dx = \lim_{\substack{a\to-\infty\\ b\to\infty}} \int_a^b \frac{1}{1+x^2}\,dx$$

$$= \lim_{\substack{a\to-\infty\\ b\to\infty}} \left[\arctan(x)\right]_a^b$$

$$= \lim_{\substack{a\to-\infty\\ b\to\infty}} \left(\arctan(b) - \arctan(a)\right)$$

Da gilt: $\lim\limits_{x\to\pm\infty} \arctan(x) = \pm\frac{\pi}{2}$, lautet das Ergebnis

$$\int_{-\infty}^{\infty} \frac{1}{1+x^2}\,dx = \frac{\pi}{2} - \left(-\frac{\pi}{2}\right) = \pi$$

Lösung zu d)

Zunächst muss hier eine partielle Integration für das unbestimmte Integral durchgeführt werden Dazu setzt man $u(x) = x$ und $v'(x) = e^{-x}$, also ist $u'(x) = 1$ und $v(x) = -e^{-x}$. Damit ergibt sich

$$\int x \cdot e^{-x}\,dx = -x \cdot e^{-x} - e^{-x} + C$$

Der weitere Lösungsweg lautet:

$$\int_0^{\infty} x \cdot e^{-x}\,dx = \lim_{b\to\infty} \int_0^b x \cdot e^{-x}\,dx$$

$$= \lim_{b\to\infty} \left[-x \cdot e^{-x} - e^{-x}\right]_0^b$$

$$= \lim_{b\to\infty} \left(-b \cdot e^{-b} - e^{-b} - (-1)\right)$$

Da der Exponentialausdruck e^{-b} für $b \to \infty$ den Wert null annimmt, lautet das Ergebnis

$$\int_0^{\infty} x \cdot e^{-x}\,dx = 1$$

9

AFB II

Berechnen Sie das Integral $\int_0^1 x^3 dx$ exakt sowie mithilfe der keplerschen Fassregel und vergleichen Sie die Ergebnisse.

Die **keplersche Fassregel** lautet $\int_a^b f(x)\,\mathrm{d}x \approx \frac{h}{3}\cdot\big(f(a)+4f(c)+f(b)\big)$, wobei c der Mittelpunkt des Intervalls und h der Abstand vom Mittelpunkt zu den Intervallgrenzen ist. Die keplersche Fassregel liefert einen **Näherungswert** für ein bestimmtes Integral.

1. Näherungswert

Mit $c=\frac{1}{2}$ und $h=\frac{1}{2}$ liefert die keplersche Fassregel Folgendes:

$$\frac{\frac{1}{2}}{3}\cdot\left(0+4\cdot\left(\frac{1}{2}\right)^3+1\right)=\frac{1}{6}\cdot\frac{3}{2}=\frac{1}{4}$$

2. Exakter Wert

$$\int_0^1 x^3\,\mathrm{d}x=\left[\frac{1}{4}x^4\right]_0^1=\left(\frac{1}{4}-0\right)=\frac{1}{4}$$

3. Vergleich

Ausnahmsweise stimmen der Näherungswert und der exakte Wert überein, wobei ergänzend zu sagen ist, dass die keplersche Fassregel alle quadratischen Polynome exakt integriert.

Tipp

Wann immer Sie in einer schriftlichen Prüfung an einem bestimmten Integral zu **scheitern drohen** – bieten Sie eine Lösung mithilfe der **keplerschen Fassregel** an, die üblicherweise in der Formelsammlung zu finden ist! Immerhin demonstrieren Sie damit, dass Sie sich zu helfen wissen. Bestimmt erhalten Sie dafür ein paar Bewertungspunkte gutgeschrieben.

KAPITEL 7

Analysis – Integralrechnung und Anwendungsaufgaben

Alle Fragen im Überblick

AFB I

1 **Berechnen Sie** die Länge des Graphen der Funktion k, der sogenannten Kettenlinie, über dem angegebenen Intervall.

AFB II

2 **Berechnen Sie** die Fläche zwischen dem Graphen der Funktion $k(x) = \frac{1}{6}x^3 - \frac{1}{2}x^2 - \frac{2}{3}x$ und der x-Achse in dem Intervall $I[-1|3]$.

3 **Berechnen Sie** die Fläche, die von den Graphen der folgenden Funktionen f und g eingeschlossen wird.

4 **Berechnen Sie** die Fläche, die von den Graphen der folgenden Funktionen m und n eingeschlossen wird.

5 (GTR) **Berechnen Sie** mithilfe des GTR die Fläche, die von den Graphen der folgenden Funktionen f und g eingeschlossen wird.

6 **Berechnen Sie** jeweils das Volumen der folgenden Rotationskörper. **Fertigen Sie** zur Veranschaulichung **eine Skizze an.**

7 **Berechnen Sie** die Länge des Graphen der Funktion f über dem angegebenen Intervall. **Erläutern Sie** Ihr Vorgehen **mithilfe einer Skizze.**

8 **Zeigen Sie,** dass F eine Stammfunktion von f ist, und **berechnen Sie** die Stelle x_H so, dass die von f mit der positiven x-Achse eingeschlossene Fläche halbiert wird.

AFB III

9 **Ermitteln Sie** die mittlere Wirkstoffkonzentration eines Medikamentes im Blut zu einer bestimmten Zeit nach Einnahme des Medikamentes.

10 **Prüfen Sie,** ob die Funktion f_1 und ihre Ableitungsfunktion f_1' zwischen ihrem Schnittpunkt und dem positiven Unendlichen ein endliches Flächenstück einschließen.

11 **Bestimmen Sie** das Qualitätsmaß und das Gütemaß der Näherungsfunktion g im gegebenen Intervall. **Veranschaulichen Sie** Ihre Überlegungen anhand einer Skizze.

12 **Ermitteln Sie** die durchfallene Strecke eines Fallschirmspringers, dessen Fallgeschwindigkeit durch die Funktion v angenähert dargestellt wird.

1

AFB I

Berechnen Sie die Länge des Graphen der Funktion k, der sogenannten Kettenlinie, über dem angegebenen Intervall.

M1 $k(x)=\frac{1}{2}(e^x+e^{-x})$ über dem Intervall $I\,[-2|2]$

Der Graph der Funktion von k wird **Kettenlinie** genannt, weil er den Verlauf einer zwischen zwei Punkten aufgehängten Kette beschreibt.
Um Schreibarbeit zu sparen, berechnet man am besten den Wurzelterm der Formel zur Berechnung der Bogenlänge separat:

$$\begin{aligned}\sqrt{1+(f(x))^2} &= \sqrt{1+\frac{1}{4}\left(e^x-e^{-x}\right)^2}\\ &= \sqrt{1+\frac{1}{4}e^{2x}-\frac{1}{2}+\frac{1}{4}e^{-2x}}\\ &= \sqrt{\frac{1}{4}e^{2x}+\frac{1}{2}+\frac{1}{4}e^{-2x}}\\ &= \sqrt{\frac{1}{4}\left(e^{2x}+2+e^{-2x}\right)}\\ &= \frac{1}{2}\sqrt{\left(e^x+e^{-x}\right)^2}\\ &= \frac{1}{2}\left(e^x+e^{-x}\right)\end{aligned}$$

Dieser Ausdruck entspricht übrigens dem Funktionsterm von k.
Aufgrund der Symmetrie kann die doppelte Bogenlänge über dem Intervall $I\,[0\,|\,2]$ berechnet werden:

$$\begin{aligned}L &= 2\cdot\int_0^2 \frac{1}{2}\left(e^x+e^{-x}\right)dx\\ &= \left[e^x-e^{-x}\right]_0^2\\ &= e^2-e^{-2}\approx 7{,}25\ LE\end{aligned}$$

Berechnen Sie die Fläche zwischen dem Graphen der Funktion $k(x)=\frac{1}{6}x^3-\frac{1}{2}x^2-\frac{2}{3}x$ und der x-Achse in dem Intervall $I[-1|3]$.

AFB II

1. Bestimmung der Nullstellen

Die Integration in Abschnitten zwischen den Nullstellen ist notwendig, da sich ansonsten positive und negative Flächenzahlen aufheben würden.

- Durch Ausklammern erhalten wir die erste Nullstelle von k bei $x_1=0$.
- Der verbleibende quadratische Term liefert mittels p-q-Formel die weiteren Nullstellen $x_2=-1$ und $x_2=4$.
- Die Nullstelle x_2 spielt für die Aufgabenstellung keine weitere Rolle, da sie außerhalb des Intervalls liegt.

2. Berechnung der Fläche

Die Nullstellen und die Intervallgrenzen ergeben folgende Flächenberechnung:

$$
\begin{aligned}
A&=\left|\int_{-1}^{0}k(x)\,\mathrm{d}x\right|+\left|\int_{0}^{3}k(x)\,\mathrm{d}x\right|\\
&=\left|\int_{-1}^{0}\left(\frac{1}{6}x^3-\frac{1}{2}x^2-\frac{2}{3}x\right)\mathrm{d}x\right|+\left|\int_{0}^{3}\left(\frac{1}{6}x^3-\frac{1}{2}x^2-\frac{2}{3}x\right)\mathrm{d}x\right|\\
&=\left|\left[\frac{1}{24}x^4-\frac{1}{6}x^3-\frac{1}{3}x^2\right]_{-1}^{0}\right|+\left|\left[\frac{1}{24}x^4-\frac{1}{6}x^3-\frac{1}{3}x^2\right]_{0}^{3}\right|\\
&=\left|0-\left(-\frac{3}{24}\right)\right|+\left|\left(-\frac{99}{24}\right)-0\right|\\
&=\frac{102}{24}FE=4,25FE
\end{aligned}
$$

Tipp

Setzen Sie die Teilintegrale stets in **Betragsstriche,** so stellen Sie sicher, dass keine negativen Flächenmaßzahlen das Ergebnis verfälschen.

3

AFB II

Berechnen Sie die Fläche, die von den Graphen der folgenden Funktionen *f* und *g* eingeschlossen wird. Fertigen Sie eine Skizze dazu an.

M1 $f(x) = \frac{1}{3}x^3 - \frac{4}{3}x$; $g(x) = \frac{1}{3}x^2 + \frac{2}{3}x$

1. Bestimmung der Schnittstellen

Zur Sicherstellung eines korrekten Ergebnisses sind die Teilflächen jeweils zwischen den Schnittstellen beider Funktionen zu berechnen.

Zur Bestimmung der Schnittstellen werden die Funktionen gleichgesetzt und die entstehende Gleichung gelöst:

$$\frac{1}{3}x^3 - \frac{4}{3}x = \frac{1}{3}x^2 + \frac{2}{3}x$$

Umstellen liefert

$$\frac{1}{3}x^3 - \frac{1}{3}x^2 - 2x = 0$$

Durch Ausklammern erhalten wir die erste Schnittstelle bei $x_1 = 0$.
Der verbleibende quadratische Term liefert mittels *p*-*q*-Formel die weiteren Schnittstellen $x_2 = -2$ und $x_2 = 3$.
In der zahlenmäßigen Reihenfolge sind $x_1 = -2$, $x_2 = 0$ und $x_2 = 3$.

Skizze:

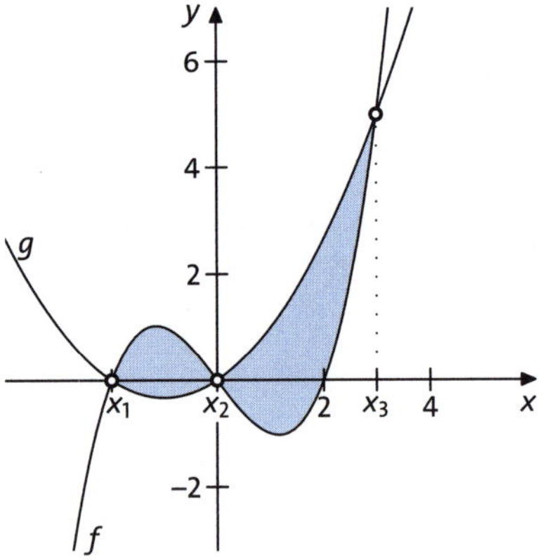

Fortsetzung: Berechnen Sie die Fläche, die von den Graphen der folgenden Funktionen *f* und *g* eingeschlossen wird. Fertigen Sie eine Skizze dazu an.

AFB II

2. Berechnung der Fläche

Entsprechend der Skizze sind zwei Teilflächen vorhanden, diese können auch einzeln berechnet und anschließend zu einer Gesamtfläche addiert werden.

Die Stammfunktion wird gebildet aus der Differenzfunktion h mit $h(x)=\frac{1}{3}x^3-\frac{1}{3}x^2-2x$ (siehe vorherige Seite).

Die Stammfunktion lautet $\int\left(\frac{1}{3}x^3-\frac{1}{3}x^2-2x\right)\mathrm{d}x=\frac{1}{12}x^4-\frac{1}{9}x^3-x^2$.

Damit berechnet sich die erste Teilfläche zu

$$\begin{aligned}A_1&=\left|\int_{-2}^{0}\left(\frac{1}{3}x^3-\frac{1}{3}x^2-2x\right)\mathrm{d}x\right|\\&=\left|\left[\frac{1}{12}x^4-\frac{1}{9}x^3-x^2\right]_{-2}^{0}\right|\\&=\left|0-\left(\frac{4}{3}+\frac{8}{9}-4\right)\right|=\frac{16}{9}FE\end{aligned}$$

Die zweite Teilfläche wird berechnet:

$$\begin{aligned}A_2&=\left|\int_{0}^{3}\left(\frac{1}{3}x^3-\frac{1}{3}x^2-2x\right)\mathrm{d}x\right|\\&=\left|\left[\frac{1}{12}x^4-\frac{1}{9}x^3-x^2\right]_{0}^{3}\right|\\&=\left|\left(\frac{81}{12}-\frac{27}{9}-9\right)-0\right|=\frac{21}{4}FE\end{aligned}$$

Die Gesamtfläche ist dann

$$A=A_1+A_2=\frac{253}{36}FE\approx 7{,}03FE$$

4

AFB II

Berechnen Sie die Fläche, die von den Graphen der folgenden Funktionen *m* und *n* eingeschlossen wird.

M1 $m(x) = x^3 + 3x + 1;$ $n(x) = 3x^2 + x + 1$

1. Bestimmung der Schnittstellen

Das prinzipielle Vorgehen entspricht dem der vorherigen Aufgabe.
Zur Bestimmung der Schnittstellen werden die Funktionen gleichgesetzt und die entstehende Gleichung gelöst:

$$3x^2 + x + 1 = x^3 + 3x + 1 \quad \Rightarrow$$
$$-x^3 + 3x^2 - 2x = 0$$

Durch Ausklammern und Verwendung der *p*-*q*-Formel ergeben sich in der zahlenmäßigen Reihenfolge die Schnittstellen zu $x_1 = 0,\ x_2 = 1$ und $x_2 = 2$

2. Berechnung der Fläche

Abweichend von dem vorherigen Beispiel wird die Gesamtfläche direkt berechnet und eine alternative Schreibweise vorgestellt:

$$\begin{aligned}
A &= \left|\int_0^2 \left(-x^3 + 3x^2 - 2x\right) \mathrm{d}x\right| \\
&= \left|\int_0^1 \left(-x^3 + 3x^2 - 2x\right) \mathrm{d}x\right| + \left|\int_1^2 \left(-x^3 + 3x^2 - 2x\right) \mathrm{d}x\right| \\
&= \left|\left[-\frac{1}{4}x^4 + x^3 - x^2\right]_0^1\right| + \left|\left[-\frac{1}{4}x^4 + x^3 - x^2\right]_1^2\right| \\
&= \left|-\frac{1}{4} + 1 - 1 - 0\right| + \left|\left(-\frac{16}{4} + 8 - 4\right) - \left(-\frac{1}{4} + 1 - 1\right)\right| \\
&= \left|-\frac{1}{4}\right| + \left|\frac{1}{4}\right| = \frac{1}{2} FE = 0{,}5 FE
\end{aligned}$$

5

Berechnen Sie mithilfe des GTR die Fläche, die von den Graphen der folgenden Funktionen *f* und *g* eingeschlossen wird.

AFB II

GTR

M1

$f(x)=\frac{2}{3}x^3-4x^2+5x;\qquad g(x)=3\sin\left(2x-\frac{1}{2}\right)$

Die beiden Funktionen haben mehrere Schnittstellen. Mithilfe des GTR berechnet man die kleinste mit $a \approx -0{,}4288$ und die größte mit $b \approx 4{,}5110$.

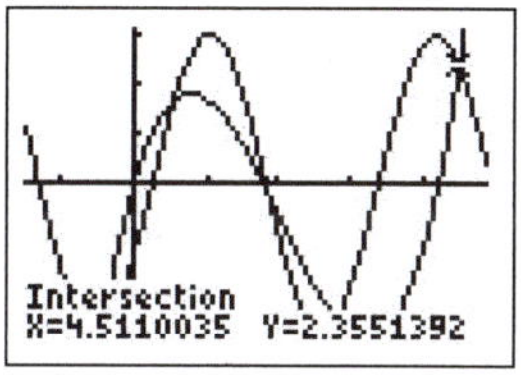

Die Verwendung der GTR-Funktion *abs* macht die Aufteilung der Einzelflächen überflüssig. Der gesuchte Flächeninhalt ist $A \approx 7{,}27 FE$.

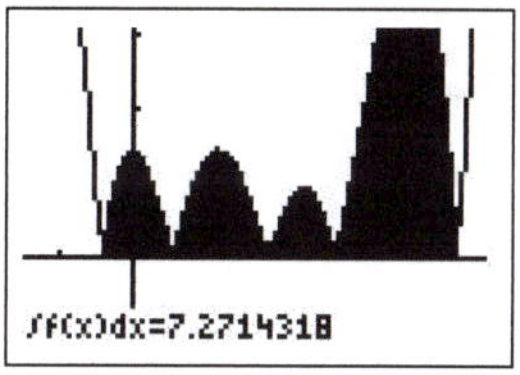

6

AFB II

Berechnen Sie jeweils das Volumen der folgenden Rotationskörper. Fertigen Sie zur Veranschaulichung eine Skizze an.

M1

a) Rotation der Funktion $f(x) = \sqrt{x}$ über dem Intervall $I[0|1]$.

b) Rotation der Funktion $g(x) = sin(x)$ über dem Intervall $I[0|\pi]$.

c) Rotation der Funktion $z(x) = r; r = const.$ über dem Intervall $I[0|h]$.

Lösung zu a)

Die Formel zur Berechnung des Volumens von **Rotationskörpern** in einem Intervall $I[a|b]$ lautet $V = \pi \cdot \int_a^b (f(x))^2 \,dx$.

Der durch Rotation von f um die x-Achse entstehende Körper heißt **Paraboloid.**

Skizze:

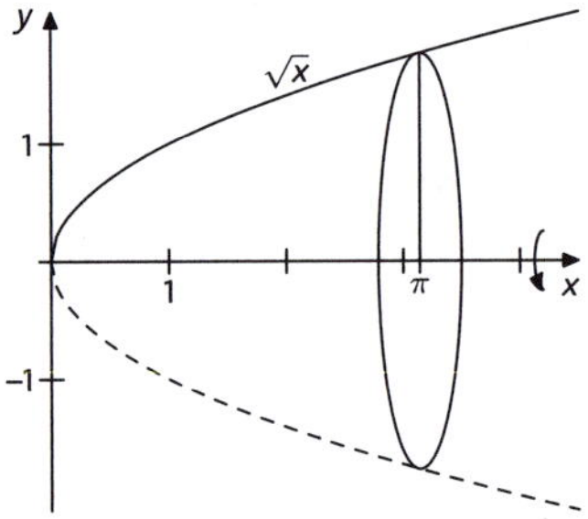

Das Volumen des angegebenen Paraboloids berechnet sich zu:

$$V = \pi \cdot \int_0^1 \left(\sqrt{x}\right)^2 dx = \pi \cdot \int_0^1 x \,dx$$

$$= \left[\pi \cdot \frac{1}{2} x^2\right]_0^1 = \frac{\pi}{2} VE \approx 1{,}57\ VE$$

Fortsetzung: Berechnen Sie jeweils das Volumen der folgenden Rotationskörper. Fertigen Sie zur Veranschaulichung eine Skizze an.

AFB II

Lösung zu b)

Das gesuchte Volumen nach der Formel ist: $V = \pi \cdot \int_0^{\pi} \sin^2(x)\,\mathrm{d}x$.

Zur Ermittlung der Stammfunktion von $\sin^2(x)$ muss eine partielle Integration durchgeführt werden. Diese führt zu dem Ergebnis:

$$\int \sin^2(x)\,\mathrm{d}x = \frac{x}{2} - \frac{\cos(x)\cdot\sin(x)}{2} + C$$

Damit erfolgt die Berechnung des Volumens zu

$$\begin{aligned} V &= \pi \cdot \int_0^{\pi} \sin^2(x)\,\mathrm{d}x = \pi \cdot \left[\frac{x}{2} - \frac{\cos(x)\cdot\sin(x)}{2}\right]_0^{\pi} \\ &= \pi \cdot \left[\left(\frac{\pi}{2} - 0\right) - 0\right] = \frac{\pi^2}{2} VE \approx 4{,}93\, VE \end{aligned}$$

Lösung zu c)

Die Volumenberechnung ergibt

$$\begin{aligned} V &= \pi \cdot \int_0^{\pi} r^2\,\mathrm{d}x = \pi \cdot \left[r^2 \cdot x\right]_0^{h} \\ &= \pi \cdot \left[\left(r^2 \cdot h\right) - 0\right] \\ &= \pi \cdot r^2 \cdot h \end{aligned}$$

Der Rotationskörper ist ein Kreiszylinder mit dem Radius r und der Höhe h und das Ergebnis der Rechnung ist die allgemein bekannte und gültige Formel zur Volumenberechnung.

7

AFB II

Berechnen Sie die Länge des Graphen der Funktion *f* über dem angegebenen Intervall. Erläutern Sie Ihr Vorgehen mithilfe einer Skizze.

M1 $f(x)=\frac{2}{3}\sqrt{x^3}$ über dem Intervall $I[3|15]$

Die Formel zur Berechnung der Länge eines Graphen, der sogenannten **Bogenlänge,** über einem Intervall $I[a|b]$ lautet $L=\int_a^b \sqrt{1+(f'(x))^2}\,\mathrm{d}x$.

In Potenzschreibweise ist $f(x)=\frac{2}{3}x^{\frac{3}{2}}$ und die Ableitung lautet damit $f'(x)=\frac{2}{3}\cdot\frac{3}{2}\cdot x^{\frac{1}{2}}=x^{\frac{1}{2}}=\sqrt{x}$.

Damit berechnet man die Bogenlänge zu

$$L=\int_3^{15}\sqrt{1+(f'(x))^2}\,\mathrm{d}x=\int_3^{15}\sqrt{1+\left(\sqrt{x}\right)^2}\,\mathrm{d}x=\int_3^{15}\sqrt{1+x}\,\mathrm{d}x$$

$$=\left[\frac{2}{3}\cdot(1+x)^{\frac{3}{2}}\right]_3^{15}=\frac{2}{3}\cdot\left(16^{\frac{3}{2}}-4^{\frac{3}{2}}\right)$$

$$=\frac{2}{3}\cdot\left(4^3-2^3\right)=\frac{112}{3}\,LE\approx 37{,}33\,LE$$

Skizze:

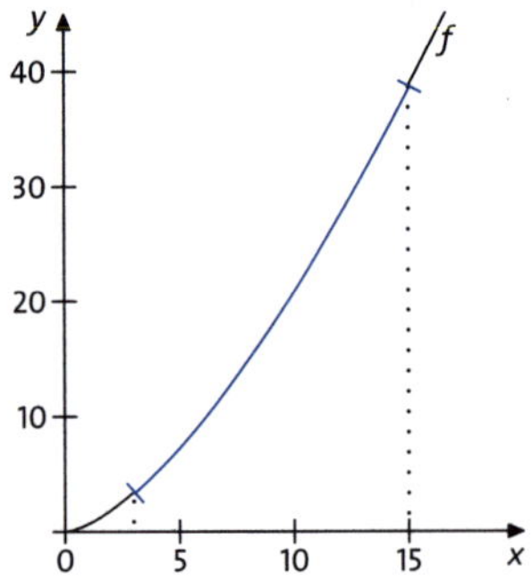

Zeigen Sie, dass F eine Stammfunktion von f ist, und berechnen Sie die Stelle x_H so, dass die von f mit der positiven x-Achse eingeschlossene Fläche halbiert wird.

AFB II

M1

Gegeben sind die Funktionen $F(x) = -\frac{1}{3} \cdot \left(\sqrt{4-x^2}\right)^3$ und $f(x) = x \cdot \sqrt{4-x^2}$.

Die von f mit der positiven x-Achse eingeschlossene Fläche beträgt $\frac{8}{3} FE$.

Mit einer zweifachen Anwendung der Kettenregel ermittelt man die erste Ableitung von F:

$$F'(x) = -\left(\sqrt{4-x^2}\right)^2 \cdot \left[\left(\sqrt{4-x^2}\right)'\right] = -\left(4-x^2\right) \cdot \left[\left(4-x^2\right)' \cdot \frac{1}{2 \cdot \sqrt{4-x^2}}\right]$$

$$= \frac{x \cdot \left(4-x^2\right)}{\sqrt{4-x^2}} = x \cdot \sqrt{4-x^2} = f(x)$$

Folglich ist F eine Stammfunktion von f.

Die Stelle x_H ermittelt man mit dem Ansatz $A_{\frac{1}{2}} = \int\limits_0^{x_H} f(x)\,\mathrm{d}x = \frac{1}{2} \cdot \frac{8}{3} = \frac{4}{3}$.

Daraus folgt:

$$A_{\frac{1}{2}} = \left[F(x)\right]_0^{x_H} = -\frac{1}{3}\left[\left(\sqrt{4-x_H^2}\right)^3 - 8\right] = \frac{4}{3}$$

$$-\left(\sqrt{4-x_H^2}\right)^3 + 8 = 4$$

$$\left(\sqrt{4-x_H^2}\right)^3 = 4$$

$$\sqrt{4-x_H^2} = \sqrt[3]{4}$$

$$4 - x_H^2 = \sqrt[3]{16}$$

$$x_H = \sqrt{4-\sqrt[3]{16}}$$

$$\approx 1{,}22$$

Folglich wird an der Stelle $x_H \approx 1{,}22$ die mit der x-Achse eingeschlossene Fläche durch eine Parallele zur y-Achse halbiert.

9

AFB III

Ermitteln Sie die mittlere Wirkstoffkonzentration eines Medikamentes im Blut zu einer bestimmten Zeit nach Einnahme des Medikamentes.

M1

Ein Pharmaunternehmen produziert ein Medikament in unterschiedlichen Wirkstoffdosierungen, das in Tablettenform verabreicht wird. Der zeitliche Verlauf der Wirkstoffkonzentration im Blut des Patienten kann in den ersten 24 Stunden nach Einnahme einer Tablette näherungsweise durch die Funktionsschar

$f_a(t) = a \cdot t \cdot e^{-0{,}25 \cdot t},\ t \in [0; 24], a > 0,$ beschrieben werden.

Dabei wird die Zeit t in Stunden seit der Einnahme und die Wirkstoffkonzentration $f_a(t)$ im Blut in Milligramm pro Liter (mg/l) gemessen; die Höhe der Wirkstoffdosierung wird durch den Parameter a berücksichtigt.

a) Zeigen Sie durch Integration, dass die Funktion F_{10} mit $F_{10}(t) = 40 \cdot (-t-4) \cdot e^{-0{,}25 \cdot t}$ eine Stammfunktion von f_{10} ist.

b) Bestimmen Sie in Abhängigkeit von k die mittlere Wirkstoffkonzentration $m(k)$ in den ersten k Stunden nach Einnahme des Medikamentes und berechnen Sie $m(12)$.

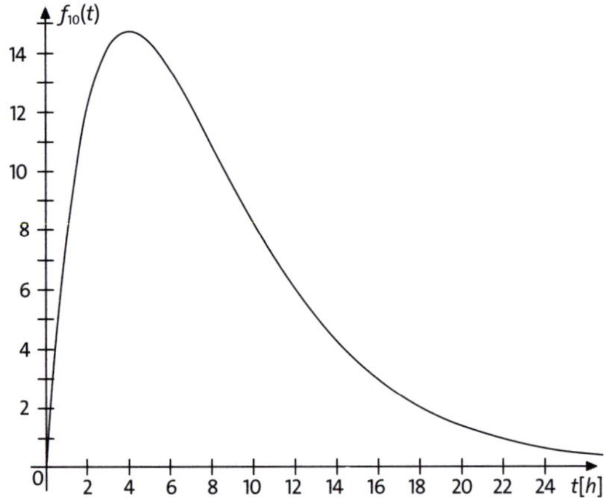

Die Abbildung zeigt den zeitlichen Verlauf der Wirkstoffkonzentration der Funktion f_{10} mit $f_{10}(t) = 10 \cdot t \cdot e^{-0{,}25 \cdot t}, t \in [0; 24]$.

Fortsetzung: Ermitteln Sie die mittlere Wirkstoffkonzentration eines Medikamentes im Blut zu einer bestimmten Zeit nach Einnahme des Medikamentes.

AFB III

Lösung zu a)

Es ist $-4 \cdot e^{-0,25 \cdot t}$ eine Stammfunktion von $e^{-0,25 \cdot t}$. Durch partielle Integration erhält man damit

$$\begin{aligned}\int 10 \cdot t \cdot e^{-0,25 \cdot t} dt &= -40 \cdot t \cdot e^{-0,25 \cdot t} + 4 \cdot \int 10 \cdot e^{-0,25 \cdot t} dt \\ &= -40 \cdot t \cdot e^{-0,25 \cdot t} + 40 \cdot (-4) \cdot e^{-0,25 \cdot t} \\ &= 40 \cdot (-t-4) \cdot e^{-0,25 \cdot t} \\ &= F_{10}(t)\end{aligned}$$

Somit ist F_{10} eine Stammfunktion zu f_{10}.

Lösung zu b)

Für die mittlere Wirkstoffkonzentration $m(k)$ nach den ersten k Stunden gilt folgender Zusammenhang:

$$m(k) = \frac{1}{k} \cdot \int_0^k f_{10}(t)\, dt$$

Es handelt sich im Ansatz um eine Mittelwertberechnung „Summe der Werte durch Anzahl der Werte“, wobei die „Summe der Werte“ durch das bestimmte Integral repräsentiert wird.

- Für $m(k)$ ermittelt man

$$m(k) = \frac{1}{k} \cdot [F_{10}(k) - F_{10}(0)] = \frac{1}{k} \cdot \left(40 \cdot (-k-4) \cdot e^{-0,25 \cdot k} + 160\right)$$

- Für $m(12)$ berechnet man

$$m(12) = \frac{1}{12} \cdot \left(40 \cdot (-12-4) \cdot e^{-4} + 160\right) \approx 12,36 \,\frac{\text{mg}}{\text{l}}$$

10

AFB III

Prüfen Sie, ob die Funktion f_1 und ihre Ableitungsfunktion f_1' zwischen ihrem Schnittpunkt und dem positiven Unendlichen ein endliches Flächenstück einschließen.

M1

Gegeben ist die Funktion f_1 mit $f_1 = (x+1) \cdot e^{-x}$. Die Abbildung zeigt den Graphen von f_1 sowie den Graphen ihrer Ableitungsfunktion f_1'.
Die beiden Graphen schließen im Intervall $[s; u]$ eine Fläche ein, wobei bei s die Schnittstelle zwischen f_1 und f_1' liegt und bei u die Fläche durch eine Parallele zu y-Achse begrenzt wird.

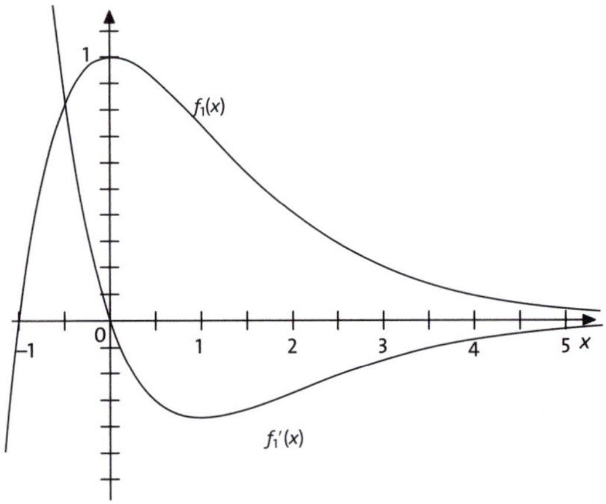

a) Ermitteln Sie den Flächeninhalt in Abhängigkeit von u.
b) Prüfen Sie, ob für $u \to +\infty$ das nach rechts unbegrenzte Flächenstück einen endlichen Flächeninhalt besitzt.

Lösung zu a)

1. Zunächst ist die Schnittstelle s zu bestimmen. Hierzu werden f_1 und f_1' gleichgesetzt.
2. Mit $f_1'(x) = -x \cdot e^{-x}$ ergibt sich $(x+1) \cdot e^{-x} = -x \cdot e^{-x}$.
3. Um e^{-x} zu eliminieren, kann ohne Weiteres durch e^{-x} geteilt werden, da diese Funktion nie den Wert null annimmt.

Letztlich erhält man die Schnittstelle s bei $x = -0{,}5$.

Fortsetzung: Prüfen Sie, ob die Funktion f_1 und ihre Ableitungsfunktion f_1' zwischen ihrem Schnittpunkt und dem positiven Unendlichen ein endliches Flächenstück einschließen.

AFB III

4. Mit der ermittelten Schnittstelle s gilt für den Flächeninhalt $I(u)$:

$$I(u) = \int_{-0,5}^{u} \left(f_1(x) - f_1'(x)\right) dx = \int_{-0,5}^{u} \left((x+1)\cdot e^{-x} - (-x)\cdot e^{-x}\right) dx$$

$$= \int_{-0,5}^{u} (2x+1)\cdot e^{-x}\, dx$$

5. Das Integral lässt sich mittels partieller Integration bestimmen. Da $-e^{-x}$ eine Stammfunktion von e^{-x} ist, gilt

$$\begin{aligned} I(u) &= \left[-(2x+1)\cdot e^{-x}\right]_{-0,5}^{u} + 2\cdot \int_{-0,5}^{u} e^{-x}\, dx \\ &= \left[-(2x+1)\cdot e^{-x}\right]_{-0,5}^{u} - \left[2\cdot e^{-x}\right]_{-0,5}^{u} \\ &= -2u\cdot e^{-u} - e^{-u} - 2\cdot e^{-u} + 2\cdot e^{0,5} \\ &= (-2u-3)\cdot e^{-u} + 2\cdot e^{0,5} \end{aligned}$$

Lösung zu b)

Die Ermittlung des Flächeninhaltes für $u \to +\infty$ erfolgt mit der **Regel von de l'Hospital:**

$$\begin{aligned} \lim_{u\to\infty} I(u) &= \lim_{u\to\infty} \frac{-2u-3}{e^{u}} + \lim_{u\to\infty} 2\cdot e^{0,5} \\ &= \lim_{u\to\infty} \frac{-2}{e^{u}} + 2\cdot e^{0,5} \\ &= 0 + 2\cdot e^{0,5} \approx 3,30\ FE \end{aligned}$$

Tatsächlich hat das nach rechts unbegrenzte Flächenstück einen endlichen Inhalt.

11

AFB III

Bestimmen Sie das Qualitätsmaß und das Gütemaß der Näherungsfunktion g im gegebenen Intervall. Veranschaulichen Sie Ihre Überlegungen anhand einer Skizze.

M1 Gegeben ist die Funktion $c(x)=\frac{1}{2}\left(e^x+e^{-x}\right)$. Diese Funktion c soll in dem Intervall näherungsweise durch die quadratische Funktion $g(x)=\frac{c(2)-1}{4}\cdot x^2+1$ ersetzt werden.

Als Qualitätsmaß kann die **Flächenmaßzahl** angesehen werden, die die Graphen der Funktionen c und g in dem gegebenen Intervall einschließen. Die nachfolgende Skizze veranschaulicht diesen Zusammenhang:

Skizze:

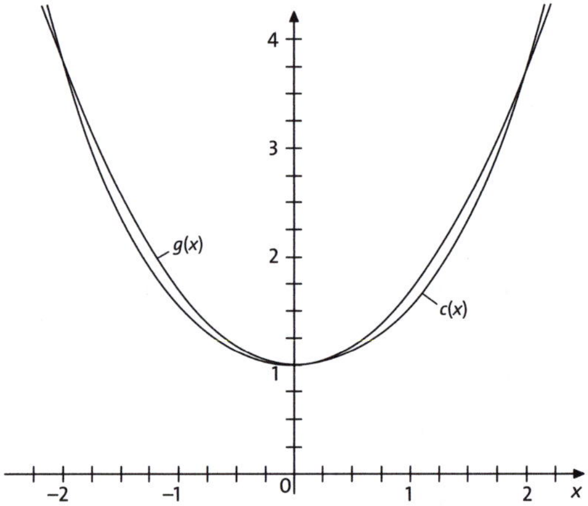

Damit kann das Qualitätsmaß ausgedrückt werden durch das Integral

$$I=\left|\int_{-2}^{2}\left(g(x)-c(x)\right)\mathrm{d}x\right|$$

Je größer die ermittelte Flächenmaßzahl ist, desto geringer ist das Qualitätsmaß.

Die Betragsstriche sollten immer dann verwendet werden, wenn der Verlauf der Graphen zueinander nicht durch beispielsweise eine Abbildung klar ist.

Fortsetzung: Bestimmen Sie das Qualitätsmaß und das Gütemaß der Näherungsfunktion *g* im gegebenen Intervall. Veranschaulichen Sie Ihre Überlegungen anhand einer Skizze.

AFB III

Mit $C(x)=\frac{1}{2}\left(e^{x}-e^{-x}\right)$ lautet die Stammfunktion $H(x)$ für $g(x)-c(x)$:

$$H(x)=\frac{c(2)-1}{3\cdot 4}\cdot x^3+x-C(x)=\frac{1}{12}(c(2)-1)\cdot x^3+x-C(x)$$

Damit berechnet man das Integral *I*:

$$\begin{aligned} I&=\left|\int_{-2}^{2}(g(x)-c(x))\,\mathrm{d}x\right|=\left|\left[\frac{1}{12}(c(2)-1)\cdot x^3+x-C(x)\right]_{-2}^{2}\right|\\ &=\left|\left[\left(\frac{8}{12}(c(2)-1)+2-C(2)\right)-\left(-\frac{8}{12}(c(2)-1)-2-C(-2)\right)\right]\right|\\ &=\left|\frac{4}{3}(c(2)-1)+4-C(2)+C(-2)\right|=\left|\frac{4}{3}(c(2)-1)+4-2\cdot C(2)\right|\approx 0{,}43 \end{aligned}$$

Zur Beurteilung des Ergebnisses fehlt hier leider der Bezugsrahmen, so z. B. Erfahrungswerte oder Richtwerte.
Um das Gütemaß zu bestimmen, ermittelt man die mittlere Abweichung der beiden Funktionen auf dem Intervall. Die mittlere Abweichung berücksichtigt die Größe des Intervalls zu dem berechneten Qualitätsmaß.
Es wäre sonst nicht abschätzbar, ob sich kleine Abweichungen über ein großes Intervall „anreichern“ oder ob große Abweichungen in einem kleinen Intervall vorliegen.
Ein gebräuchliches Gütemaß erhält man im Allgemeinen mit diesem Zusammenhang:

$$\frac{1}{b-a}\cdot\left|\int_{a}^{b}(g(x)-c(x))\,\mathrm{d}x\right|$$

Für den vorliegenden Fall berechnet man für das Gütemaß:

$$\frac{1}{2-(-2)}\cdot 0{,}43=0{,}1075$$

Auch in diesem Fall ist eine Beurteilung des Ergebnisses ohne Vergleichswerte nicht möglich.

12

AFB III

Ermitteln Sie die in der Zeit von 11,5 Sekunden durchfallene Strecke *s* (in m) eines Fallschirmspringers, dessen Fallgeschwindigkeit durch die Funktion *v* angenähert dargestellt wird.

M1 Die Fallgeschwindigkeit eines Fallschirmspringers vor Öffnen des Schirms wird in guter Näherung beschrieben durch den Term $v(t) = 50 \cdot f(0{,}2t) = 50 \cdot \frac{e^{0{,}2t} - e^{-0{,}2t}}{e^{0{,}2t} + e^{-0{,}2t}}$ mit $t \geq 0$. Dabei ist t die Fallzeit in Sekunden und $v(t)$ die Fallgeschwindigkeit in m/s.

Die durchfallene Strecke s wird ermittelt mit dem Integral:

$$s = \int_0^{11{,}5} v(t)\,\mathrm{d}t$$

Betrachtet man die Funktion f mit $x = 0{,}2t$ zu $f(x) = \frac{e^x - e^{-x}}{e^x + e^{-x}}$, so erkennt man, dass die Funktion des Zählers gerade die Ableitung der Funktion des Nenners ist. Somit ist eine Stammfunktion von f gegeben durch $F(x) = \ln(e^x + e^{-x})$.

Damit berechnet man das oben genannte Integral, wobei im Fortgang der Berechnung mit $x = 0{,}2t$ substituiert wird:

$$\begin{aligned} s &= \int_0^{11{,}5} v(t)\,\mathrm{d}t = 50 \cdot \int_0^{11{,}5} f(0{,}2t)\,\mathrm{d}t \\ &= 50 \cdot \int_0^{2{,}3} f(x)\,\mathrm{d}x = 50 \cdot \left[\ln(e^x + e^{-x})\right]_0^{2{,}3} \\ &\approx 404 \text{ m} \end{aligned}$$

Ergebnis: Die in 11,5 s durchfallene Strecke beträgt rund 404 m.

KAPITEL 8

Analytische Geometrie – Vektoren, Geraden, Ebenen

Alle Fragen im Überblick

AFB I

1 **Berechnen Sie** jeweils das Skalarprodukt.

2 **Prüfen Sie** jeweils, ob sich der Vektor $\vec{r}$ als Linearkombination von $\vec{s}$, $\vec{t}$ und $\vec{u}$ darstellen lässt.

3 (GTR) **Prüfen Sie** mit dem GTR jeweils, ob sich der Vektor $\vec{v}$ als Linearkombination der Vektoren $\vec{a}$, $\vec{b}$ und $\vec{c}$ darstellen lässt.

4 **Prüfen Sie**, ob $\vec{r}$, $\vec{s}$ und $\vec{t}$ jeweils linear unabhängig sind.

AFB II

5 (GTR) **Prüfen Sie** mit dem GTR jeweils die Vektoren $\vec{a}$, $\vec{b}$ und $\vec{c}$ auf lineare Unabhängigkeit.

6 **Ermitteln Sie** an dem regelmäßigen Sechseck die Koordinaten der fehlenden Punkte und die angegebenen Vektoren.

7 **Ermitteln Sie** für die abgebildete Pyramide *ABCS* die Winkel α, β und γ.

8 **Bestimmen Sie** die Parametergleichungen der Geraden *g*, *h* und *i*, die in dem abgebildeten Tetraeder jeweils die Kantenmitten verbinden.

9 **Stellen Sie** die Parametergleichung der Geraden *g* auf, die durch die Punkte *P* und *Q* verläuft. **Prüfen Sie**, ob der Punkt *A* auf *g* liegt.

10 **Stellen Sie** jeweils die Ebenengleichung in Parameterform für die folgenden Fälle **auf**.

11 **Bestimmen Sie** jeweils die Normalenform der Ebene aus der gegebenen Parameterform.

12 (GTR) **Bestimmen Sie** mithilfe des GTR jeweils die Normalenform der Ebene aus der gegebenen Parameterform.

13 **Bestimmen Sie** jeweils die Koordinatengleichung der Ebene aus der gegebenen Parameterform.

14 (GTR) **Bestimmen Sie** mithilfe des GTR die Koordinatengleichung der Ebene aus der gegebenen Parameterform.

15 **Bestimmen Sie** jeweils die Normalenform der Ebene aus der Koordinatengleichung.

16 **Bestimmen Sie** jeweils eine Parametergleichung der Ebene aus der gegebenen Koordinatenform.

17 (GTR) **Ermitteln Sie** mithilfe des GTR jeweils die Koordinatengleichung der Ebene durch die Punkte *A*, *B* und *C*.

18 **Geben Sie** ausgehend von dem Mittelpunkt *M* und dem Radius *r* jeweils die vektorielle Kreis- bzw. Kugelgleichung und die Koordinatengleichung für Kreis und Kugel **an**.

1

AFB I

Berechnen Sie jeweils das Skalarprodukt.

M1

a) $\begin{pmatrix} 3 \\ -2 \end{pmatrix} \cdot \begin{pmatrix} 4 \\ 3 \end{pmatrix}$ b) $\begin{pmatrix} 2 \\ 4 \\ 6 \end{pmatrix} \cdot \begin{pmatrix} 6 \\ 4 \\ 2 \end{pmatrix}$ c) $\begin{pmatrix} a+1 \\ 2 \\ a^2 \end{pmatrix} \cdot \begin{pmatrix} a-1 \\ 1-a \\ 1 \end{pmatrix}$ d) $\begin{pmatrix} \sqrt{2} \\ x+1 \\ 2^3 \end{pmatrix} \cdot \begin{pmatrix} -\sqrt{2} \\ 1-x \\ 3^2 \end{pmatrix}$

Lösung zu a)

$$\begin{pmatrix} 3 \\ -2 \end{pmatrix} \cdot \begin{pmatrix} 4 \\ 3 \end{pmatrix} = 3 \cdot 4 + (-2) \cdot 3 = 6$$

Lösung zu b)

$$\begin{pmatrix} 2 \\ 4 \\ 6 \end{pmatrix} \cdot \begin{pmatrix} 6 \\ 4 \\ 2 \end{pmatrix} = 2 \cdot 6 + 4 \cdot 4 + 6 \cdot 2 = 40$$

Lösung zu c)

$$\begin{aligned} \begin{pmatrix} a+1 \\ 2 \\ a^2 \end{pmatrix} \cdot \begin{pmatrix} a-1 \\ 1-a \\ 1 \end{pmatrix} &= (a+1)(a-1) + 2 \cdot (1-a) + a^2 \cdot 1 \\ &= a^2 - 1 + 2 - 2a + a^2 \\ &= 2a^2 - 2a + 1 \end{aligned}$$

Lösung zu d)

$$\begin{aligned} \begin{pmatrix} \sqrt{2} \\ x+1 \\ 2^3 \end{pmatrix} \cdot \begin{pmatrix} -\sqrt{2} \\ 1-x \\ 3^2 \end{pmatrix} &= -\left(\sqrt{2}\right)^2 + (x+1)(1-x) + 2^3 \cdot 3^2 \\ &= -2 - x^2 + 1 + 72 \\ &= -x^2 + 71 \end{aligned}$$

2

Prüfen Sie jeweils, ob sich der Vektor $\vec{r}$ als Linearkombination von $\vec{s}$, $\vec{t}$ und $\vec{u}$ darstellen lässt.

AFB I

M1

a) $\vec{r}=\begin{pmatrix}5\\2\\1\end{pmatrix}$, $\vec{s}=\begin{pmatrix}2\\-1\\4\end{pmatrix}$, $\vec{t}=\begin{pmatrix}1\\3\\-2\end{pmatrix}$, $\vec{u}=\begin{pmatrix}3\\1\\7\end{pmatrix}$ b) $\vec{r}=\begin{pmatrix}3\\8\\0\end{pmatrix}$, $\vec{s}=\begin{pmatrix}1\\-2\\3\end{pmatrix}$, $\vec{t}=\begin{pmatrix}0\\-5\\1\end{pmatrix}$, $\vec{u}=\begin{pmatrix}\frac{1}{3}\\\frac{8}{3}\\-\frac{2}{3}\end{pmatrix}$

Lösung zu a)

Die folgende Gleichung muss erfüllt sein, wenn eine Linearkombination durchführbar ist: $\vec{r}=a\cdot\vec{s}+b\cdot\vec{t}+c\cdot\vec{u}$.

Daraus ergibt sich das zu lösende lineare Gleichungssystem

$$\begin{aligned}5&=2a+b+3c\\2&=-a+3b+c\\1&=4a-2b+7c\end{aligned}$$

Die Lösungen sind $a=3$, $b=2$ und $c=-1$. Damit ist die Linearkombination möglich: $\vec{r}=3\vec{s}+2\vec{t}-\vec{u}$.

Lösung zu b)

Entsprechend dem Weg der vorherigen Lösung ergibt sich auch hier eine durchführbare Linearkombination:

$$\vec{r}=\frac{14}{15}\vec{s}+\frac{4}{3}\vec{t}+\frac{31}{5}\vec{u}$$

3

AFB I

GTR

Prüfen Sie mit dem GTR jeweils, ob sich der Vektor $\vec{v}$ als Linearkombination der Vektoren $\vec{a}$, $\vec{b}$ und $\vec{c}$ darstellen lässt.

M1

a) $\vec{v}=\begin{pmatrix}8\\2\\9\end{pmatrix}$, $\vec{a}=\begin{pmatrix}4\\7\\5\end{pmatrix}$, $\vec{b}=\begin{pmatrix}0\\10\\1\end{pmatrix}$, $\vec{c}=\begin{pmatrix}10\\-12\\13\end{pmatrix}$ b) $\vec{v}=\begin{pmatrix}3\\-1\\5\end{pmatrix}$, $\vec{a}=\begin{pmatrix}2\\1\\1\end{pmatrix}$, $\vec{b}=\begin{pmatrix}4\\-3\\7\end{pmatrix}$, $\vec{c}=\begin{pmatrix}-1\\2\\-3\end{pmatrix}$

c) $\vec{v}=\begin{pmatrix}10\\-2\\3\end{pmatrix}$, $\vec{a}=\begin{pmatrix}6\\-7\\-1\end{pmatrix}$, $\vec{b}=\begin{pmatrix}5\\-5\\-2\end{pmatrix}$, $\vec{c}=\begin{pmatrix}7\\-4\\-4\end{pmatrix}$

Lösung zu a)

Das zu lösende lineare Gleichungssystem ist

$$\begin{aligned} 4r+10t&=8\\ 7r+10s-12t&=2\\ 5r+s+13t&=9 \end{aligned}$$

Koeffizientenmatrix:

```
[A]
  [[4 0  10  8]
   [7 10 -12 2]
   [5 1  13  9]]
```

Lösung:

```
[[1 0 0 1.85507...
  [0 1 0 -1.0289...
  [0 0 1 .057971...
Ans▸Frac
 [[1 0 0 128/69]
  [0 1 0 -71/69]
  [0 0 1 4/69  ]]
```

Die Lösungen werden abgelesen: $r=\frac{128}{69}$, $s=-\frac{71}{69}$ und $t=\frac{4}{69}$.

Die Linearkombination lautet: $\vec{v}=\frac{128}{69}\vec{a}-\frac{71}{69}\vec{b}+\frac{4}{69}\vec{c}$.

Lösung zu b)

Das zu lösende lineare Gleichungssystem ist

$$\begin{aligned} 2r+4s-t&=3\\ r-3s+2t&=-1\\ r+7s-3t&=5 \end{aligned}$$

Fortsetzung: Prüfen Sie mit dem GTR jeweils, ob sich der Vektor $\vec{v}$ als Linearkombination der Vektoren $\vec{a}$, $\vec{b}$ und $\vec{c}$ darstellen lässt.

AFB I

GTR

Koeffizientenmatrix:

```
[A]
  [[2  4   -1  3 ]
   [1  -3  2   -1]
   [1  7   -3  5 ]]
```

Lösung:

```
rref([A]
    [[1  0  .5   0]
     [0  1  -.5  0]
     [0  0  0    1]]
```

Das lineare Gleichungssystem hat keine Lösung, folglich ist die zu prüfende Linearkombination nicht durchführbar.

Lösung zu c)

Das zu lösende lineare Gleichungssystem ist

$$\begin{aligned} 6r+5s+7t&=10 \\ -7r-5s-4t&=-2 \\ -r-2s-4t&=3 \end{aligned}$$

Koeffizientenmatrix:

```
[A]
 [[6   5   7   10]
  [-7  -5  -4  -2]
  [-1  -2  -4  3 ]]
```

Lösung:

```
[[1 0 0 10.2      ...
 [0 1 0 -18.733...
 [0 0 1 6.06666...
Ans▸Frac
[[1 0 0 51/5      ...
 [0 1 0 -281/15...
 [0 0 1 91/15     ...
```

Die Lösungen werden abgelesen: $r=\frac{51}{5}$, $s=-\frac{281}{15}$ und $t=\frac{91}{15}$

Die Linearkombination lautet $\vec{v}=\frac{51}{5}\vec{a}-\frac{281}{15}\vec{b}+\frac{91}{15}\vec{c}$

4

AFB I

Prüfen Sie, ob $\vec{r}$, $\vec{s}$ und $\vec{t}$ jeweils linear unabhängig sind.

M1

a) $\vec{r}=\begin{pmatrix}0\\-1\\1\end{pmatrix}$, $\vec{s}=\begin{pmatrix}2\\0\\3\end{pmatrix}$, $\vec{t}=\begin{pmatrix}-4\\-1\\-5\end{pmatrix}$ b) $\vec{r}=\begin{pmatrix}2\\3\\-1\end{pmatrix}$, $\vec{s}=\begin{pmatrix}4\\-2\\0\end{pmatrix}$, $\vec{t}=\begin{pmatrix}\frac{4}{3}\\-\frac{10}{3}\\\frac{2}{3}\end{pmatrix}$

Lösung zu a)

Die folgende Gleichung muss erfüllt sein, wenn die Vektoren linear abhängig sind: $\vec{0}=a\cdot\vec{r}+b\cdot\vec{s}+c\cdot\vec{t}$. Dabei stellt die triviale Lösung $a=b=c=0$ keine Erfüllung der Bedingung dar.
Daraus ergibt sich das zu lösende lineare Gleichungssystem:

$$\begin{aligned}0&=2b-4c\\0&=-a-c\\0&=a+3b-5c\end{aligned}$$

Die Lösungen sind $a=1$, $b=-2$ und $c=-1$. Damit sind die Vektoren linear abhängig.

Lösung zu b)

Entsprechend dem Weg der vorherigen Lösung ergibt sich auch hier die lineare Abhängigkeit der Vektoren:

$$\vec{0}=2\vec{r}-2\vec{s}+3\vec{t}$$

Prüfen Sie mit dem GTR jeweils die Vektoren $\vec{a}$, $\vec{b}$ und $\vec{c}$ auf lineare Unabhängigkeit.

AFB II

GTR

M1

a) $\vec{a}=\begin{pmatrix}3\\-20\\-19\end{pmatrix}$, $\vec{b}=\begin{pmatrix}-37\\-50\\-87\end{pmatrix}$, $\vec{c}=\begin{pmatrix}-23\\5\\-15\end{pmatrix}$ b) $\vec{a}=\begin{pmatrix}4\\7\\1\end{pmatrix}$, $\vec{b}=\begin{pmatrix}-1\\5\\4\end{pmatrix}$, $\vec{c}=\begin{pmatrix}15\\0\\-5\end{pmatrix}$

c) $\vec{a}=\begin{pmatrix}15\\-35\\19\end{pmatrix}$, $\vec{b}=\begin{pmatrix}20\\88\\-12\end{pmatrix}$, $\vec{c}=\begin{pmatrix}46\\-49\\-12\end{pmatrix}$

Lösung zu a)

Das zu lösende lineare Gleichungssystem ist

$$\begin{aligned}3r-37s-23t&=0\\-20r-50s+5t&=0\\-19r-87s-15t&=0\end{aligned}$$

Koeffizientenmatrix und Lösung:

```
[[3    -37  -23 0…
 [-20  -50  5   0…
 [-19  -87  -15 0…
rref([A]
  [[1 0  -1.5 0]
   [0 1  .5   0]
   [0 0  0    0]]
```

Die letzte Zeile liefert keine Einschränkung, man wählt z. B. $t=1$. Damit ergibt die mittlere Zeile $s=-\frac{1}{2}$ und die erste dann $r=\frac{3}{2}$. Die Vektoren sind mit $\vec{0}=\frac{3}{2}\vec{a}-\frac{1}{2}\vec{b}+\vec{c}$ linear abhängig.

Lösung zu b)

Das zu lösende lineare Gleichungssystem ist

$$\begin{aligned}4r-s+15t&=0\\7r+5s&=0\\r+4s-5t&=0\end{aligned}$$

AFB II

GTR

5

Fortsetzung: Prüfen Sie mit dem GTR jeweils die Vektoren $\vec{a}$, $\vec{b}$ und $\vec{c}$ auf lineare Unabhängigkeit.

Koeffizientenmatrix und Lösung:

```
    [[4  -1  15 0]
     [7  5   0  0]
     [1  4   -5 0]]
rref([A]
      [[1 0 0 0]
       [0 1 0 0]
       [0 0 1 0]]
```

Das lineare Gleichungssystem hat nur die triviale Lösung $r = s = t = 0$, folglich sind die Vektoren linear unabhängig.

Lösung zu c)

Das zu lösende lineare Gleichungssystem ist

$$15r + 20s + 46t = 0$$
$$-35r + 88s - 49t = 0$$
$$19r - 12s - 12t = 0$$

Koeffizientenmatrix und Lösung:

```
[[15  20  46  0…
 [-35 88  -49 0…
 [19  -12 -12 0…
rref([A]
      [[1 0 0 0]
       [0 1 0 0]
       [0 0 1 0]]
```

Das lineare Gleichungssystem hat nur die triviale Lösung $r = s = t = 0$, folglich sind die Vektoren linear unabhängig.

Ermitteln Sie an dem regelmäßigen Sechseck
a) die Koordinaten der fehlenden Punkte und
b) die Vektoren $\overrightarrow{EB}$ und $\overrightarrow{CA}$.

AFB II

M1

Gegeben sind die Koordinaten der Punkte $A(-1|3|5)$, $B(-1|4|4)$, $C(0|4|3)$ und $D(1|3|3)$.

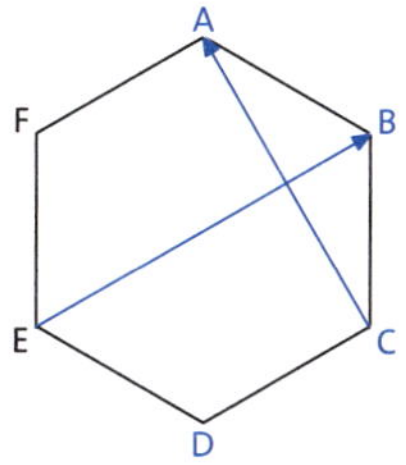

Lösung zu a)

1. Koordinaten von *F*: Die Koordinaten von F erhält man, indem man zu $\vec{A}$ den Vektor $\overrightarrow{AF}$ addiert. Da $\overrightarrow{AF}$ unbekannt und nicht ermittelbar ist, nimmt man ersatzweise die Werte von $\overrightarrow{CD}$, da er parallel zu $\overrightarrow{AF}$ ist und die gleiche Länge hat:

$$\overrightarrow{CD} = \vec{D} - \vec{C} = \begin{pmatrix} 1 \\ 3 \\ 3 \end{pmatrix} - \begin{pmatrix} 0 \\ 4 \\ 3 \end{pmatrix} = \begin{pmatrix} 1 \\ -1 \\ 0 \end{pmatrix}$$

Damit ergibt sich

$$\vec{F} = \overrightarrow{AF} + \vec{A} = \begin{pmatrix} 1 \\ -1 \\ 0 \end{pmatrix} + \begin{pmatrix} -1 \\ 3 \\ 5 \end{pmatrix} = \begin{pmatrix} 0 \\ 2 \\ 5 \end{pmatrix}$$

Die Koordinaten von F lauten $(0|2|5)$.

2. Koordinaten von *E*: Man verfährt in ähnlicher Weise wie in der Teilaufgabe vorher und addiert zu $\vec{D}$ den Vektor $\overrightarrow{DE}$ bzw. $\overrightarrow{BA}$.

6

AFB II

Fortsetzung: Ermitteln Sie an dem regelmäßigen Sechseck
a) die Koordinaten der fehlenden Punkte und
b) die Vektoren $\overrightarrow{EB}$ und $\overrightarrow{CA}$.

$$\overrightarrow{BA} = \vec{A} - \vec{B} = \begin{pmatrix} -1 \\ 3 \\ 5 \end{pmatrix} - \begin{pmatrix} -1 \\ 4 \\ 4 \end{pmatrix} = \begin{pmatrix} 0 \\ -1 \\ 1 \end{pmatrix} \text{ und damit}$$

$$\vec{E} = \overrightarrow{DE} + \vec{D} = \begin{pmatrix} 0 \\ -1 \\ 1 \end{pmatrix} + \begin{pmatrix} 1 \\ 3 \\ 3 \end{pmatrix} = \begin{pmatrix} 1 \\ 2 \\ 4 \end{pmatrix}$$

Die Koordinaten von E lauten $(1|2|4)$.

Lösung zu b)

1. Vektor $\overrightarrow{EB}$:

Nach den Regeln der Addition von Vektoren ist $\overrightarrow{EB}$ gleich dem Ortsvektor von $\vec{B}$ minus dem Ortsvektor von $\vec{E}$:

$$\overrightarrow{EB} = \vec{B} - \vec{E} = \begin{pmatrix} -1 \\ 4 \\ 4 \end{pmatrix} - \begin{pmatrix} 1 \\ 2 \\ 4 \end{pmatrix} = \begin{pmatrix} -2 \\ 2 \\ 0 \end{pmatrix}$$

2. Vektor $\overrightarrow{CA}$:

Analog zu der vorherigen Teilaufgabe ermittelt man

$$\overrightarrow{CD} = \vec{D} - \vec{C} = \begin{pmatrix} 1 \\ 3 \\ 3 \end{pmatrix} - \begin{pmatrix} 0 \\ 4 \\ 3 \end{pmatrix} = \begin{pmatrix} 1 \\ -1 \\ 0 \end{pmatrix}$$

7

Ermitteln Sie für die abgebildete Pyramide *ABCS* die Winkel α, β und γ.

AFB II

M1

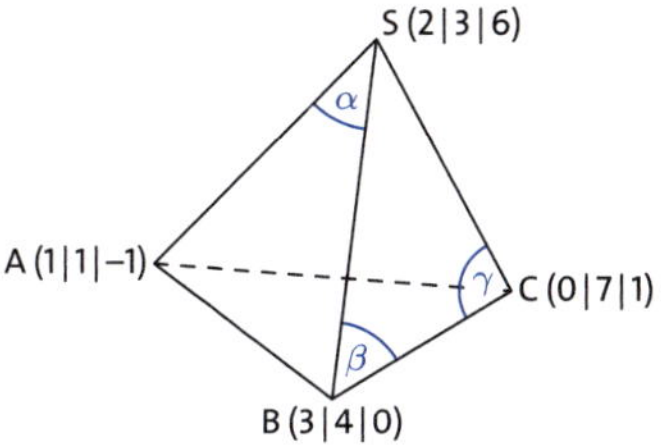

1. Ermittlung der Vektoren der Pyramidenkanten

Um die Winkel mithilfe des Skalarproduktes berechnen zu können, müssen zuerst für die betroffenen Kanten der Pyramide die Vektoren ermittelt werden:

$$\overrightarrow{SA} = \vec{A} - \vec{S} = \begin{pmatrix}1\\1\\-1\end{pmatrix} - \begin{pmatrix}2\\3\\6\end{pmatrix} = \begin{pmatrix}-1\\-2\\-7\end{pmatrix}, \quad \overrightarrow{SB} = \vec{B} - \vec{S} = \begin{pmatrix}3\\4\\0\end{pmatrix} - \begin{pmatrix}2\\3\\6\end{pmatrix} - = \begin{pmatrix}1\\1\\-6\end{pmatrix},$$

$$\overrightarrow{BC} = \vec{C} - \vec{B} = \begin{pmatrix}0\\7\\1\end{pmatrix} - \begin{pmatrix}3\\4\\0\end{pmatrix} = \begin{pmatrix}-3\\3\\1\end{pmatrix} \text{ und } \overrightarrow{CS} = \vec{S} - \vec{C} = \begin{pmatrix}2\\3\\6\end{pmatrix} - \begin{pmatrix}0\\7\\1\end{pmatrix} = \begin{pmatrix}2\\-4\\5\end{pmatrix}$$

2. Winkelberechnung

Verwendet wird die Formel des Skalarproduktes, umgestellt nach $\cos\alpha$. Zur Sicherstellung eines korrekten Ergebnisses ist darauf zu achten, dass die Vektoren so in der Berechnung verwendet werden, dass ihr Anfangspunkt am Winkel liegt. Gegebenenfalls ist der Gegenvektor zu verwenden, den man durch Umkehr der Vorzeichen erhält.

7

AFB II

Fortsetzung: Ermitteln Sie für die abgebildete Pyramide *ABCS* die Winkel α, β und γ.

- Berechnung des Winkels α:

$$\cos\alpha = \frac{\overrightarrow{SA}\cdot\overrightarrow{SB}}{\left|\overrightarrow{SA}\right|\cdot\left|\overrightarrow{SB}\right|} = \frac{(-1)\cdot 1+(-2)\cdot 1+(-7)\cdot(-6)}{\sqrt{(-1)^2+(-2)^2+(-7)^2}\cdot\sqrt{1^2+1^2+(-6)^2}}$$

$$= \frac{39}{\sqrt{54}\cdot\sqrt{38}} = \frac{39}{7{,}348470\cdot 6{,}16441} \approx 0{,}860946$$

Durch Umrechnung ergibt sich ein Winkel von $\alpha \approx 30{,}58°$.

Tipp

Berechnen Sie die Winkel β und γ erst selbst, bevor Sie in die Lösungen schauen.

- Berechnung des Winkels β:

$$\cos\beta = \frac{\overrightarrow{BS}\cdot\overrightarrow{BC}}{\left|\overrightarrow{BS}\right|\cdot\left|\overrightarrow{BC}\right|} = \frac{(-1)\cdot(-3)+(-1)\cdot 3+6\cdot 1}{\sqrt{(-1)^2+(-1)^2+(6)^2}\cdot\sqrt{(-3)^2+3^2+1^2}}$$

$$= \frac{6}{\sqrt{38}\cdot\sqrt{19}} \approx \frac{39}{6{,}16441\cdot 4{,}3589} \approx 0{,}223297.$$

Durch Umrechnung ergibt sich ein Winkel von $\beta \approx 70{,}10°$.

- Berechnung des Winkels γ:

$$\cos\gamma = \frac{\overrightarrow{CB}\cdot\overrightarrow{CS}}{\left|\overrightarrow{CB}\right|\cdot\left|\overrightarrow{CS}\right|} = \frac{3\cdot 2+(-3)\cdot(-4)+(-1)\cdot 5}{\sqrt{3^2+(-3)^2+(-1)^2}\cdot\sqrt{2^2+(-4)^2+5^2}}$$

$$= \frac{13}{\sqrt{19}\cdot\sqrt{45}} \approx \frac{39}{4{,}3589\cdot 6{,}7082} \approx 0{,}44459.$$

Durch Umrechnung ergibt sich ein Winkel von $\gamma \approx 63{,}60°$.

8

Bestimmen Sie die Parametergleichungen der Geraden *g*, *h* und *i*, die in dem abgebildeten Tetraeder jeweils die Kantenmitten verbinden.

AFB II

M1

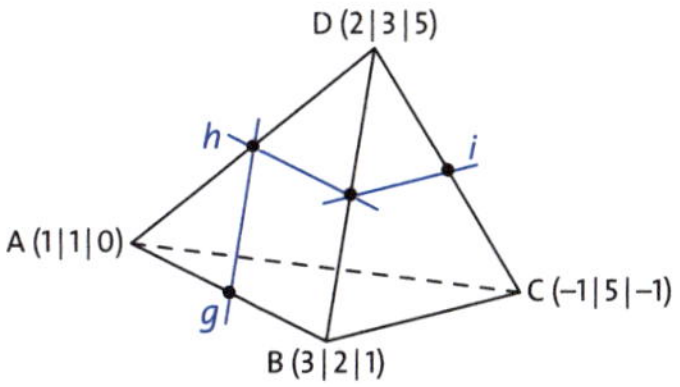

Parametergleichung für die Gerade *g*

1. Die Mittelpunkte M der Kanten werden mithilfe der **Vektoraddition** und des **Teilverhältnisses** berechnet:

$$\overrightarrow{M_{AB}} = \vec{B} + \frac{1}{2} \cdot \overrightarrow{BA} = \begin{pmatrix} 3 \\ 2 \\ 1 \end{pmatrix} + \frac{1}{2} \cdot \left(\vec{A} - \vec{B}\right) = \begin{pmatrix} 3 \\ 2 \\ 1 \end{pmatrix} + \frac{1}{2} \cdot \left(\begin{pmatrix} 1 \\ 1 \\ 0 \end{pmatrix} - \begin{pmatrix} 3 \\ 2 \\ 1 \end{pmatrix}\right)$$

$$= \begin{pmatrix} 3 \\ 2 \\ 1 \end{pmatrix} + \frac{1}{2} \times \begin{pmatrix} -2 \\ -1 \\ -1 \end{pmatrix} = \begin{pmatrix} 2 \\ 1,5 \\ 0,5 \end{pmatrix}$$

Damit liegt der Punkt M_{AB} bei $(2 \mid 1,5 \mid 0,5)$.
Für M_{AD} berechnet man:

$$\overrightarrow{M_{AD}} = \vec{A} + \frac{1}{2} \cdot \overrightarrow{AD} = \begin{pmatrix} 1 \\ 1 \\ 0 \end{pmatrix} + \frac{1}{2} \cdot \left(\vec{D} - \vec{A}\right) = \begin{pmatrix} 1 \\ 1 \\ 0 \end{pmatrix} + \frac{1}{2} \cdot \left(\begin{pmatrix} 2 \\ 3 \\ 5 \end{pmatrix} - \begin{pmatrix} 1 \\ 1 \\ 0 \end{pmatrix}\right)$$

$$= \begin{pmatrix} 1 \\ 1 \\ 0 \end{pmatrix} + \frac{1}{2} \cdot \begin{pmatrix} 1 \\ 2 \\ 5 \end{pmatrix} = \begin{pmatrix} 1,5 \\ 2 \\ 2,5 \end{pmatrix}$$

Damit liegt der Punkt M_{AD} bei $(1,5 \mid 2 \mid 2,5)$.

8

AFB II

Fortsetzung: Bestimmen Sie die Parametergleichungen der Geraden *g*, *h* und *i*, die in dem abgebildeten Tetraeder jeweils die Kantenmitten verbinden.

2. Die Gerade g verläuft durch die Punkte M_{AB} und M_{AD}, aus denen man den Richtungsvektor für die Parametergleichung ermitteln kann:

$$\overrightarrow{M_{AB}\ M_{AD}} = \overrightarrow{M_{AD}} - \overrightarrow{M_{AB}} = \begin{pmatrix} 1,5 \\ 2 \\ 2,5 \end{pmatrix} - \begin{pmatrix} 2 \\ 1,5 \\ 0,5 \end{pmatrix} = \begin{pmatrix} -0,5 \\ 0,5 \\ 2 \end{pmatrix}$$

3. Die Parametergleichung wird zusammengestellt, als Stützvektor wählt man den zu M_{AB} oder M_{AD}. Eine mögliche Parametergleichung für g lautet

$$g : \vec{x} = \overrightarrow{OM_{AD}} + t \cdot \overrightarrow{M_{AB}\ M_{AD}} = \begin{pmatrix} 1,5 \\ 2 \\ 2,5 \end{pmatrix} + t \cdot \begin{pmatrix} -0,5 \\ 0,5 \\ 2 \end{pmatrix}$$

Parametergleichung für die Gerade *h*

Der Rechenweg entspricht dem der vorherigen Teilaufgabe, angegeben werden hier nur die Punkte $M_{AD}\,(1,5\,|\,2\,|\,2,5)$ und $M_{BD}\,(2,5\,|\,2,5\,|\,3)$ sowie die Parametergleichung

$$h : \vec{x} = \overrightarrow{OM_{AD}} + t \cdot \overrightarrow{M_{AD}\ M_{BD}} = \begin{pmatrix} 1,5 \\ 2 \\ 2,5 \end{pmatrix} + t \cdot \begin{pmatrix} 1 \\ 0,5 \\ 0,5 \end{pmatrix}$$

Parametergleichung für die Gerade *i*

Der Rechenweg entspricht dem der vorherigen Teilaufgabe, angegeben werden hier nur die Punkte $M_{BD}\,(2,5\,|\,2,5\,|\,3)$ und $M_{CD}\,(0,5\,|\,4\,|\,2)$ sowie die Parametergleichung

$$i : \vec{x} = \overrightarrow{OM_{BD}} + t \cdot \overrightarrow{M_{BD}\ M_{CD}} = \begin{pmatrix} 2,5 \\ 2,5 \\ 3 \end{pmatrix} + t \cdot \begin{pmatrix} -2 \\ 1,5 \\ -1 \end{pmatrix}$$

Stellen Sie die Parametergleichung der Geraden *g* auf, die durch die Punkte *P* und *Q* verläuft. Prüfen Sie, ob der Punkt *A* auf *g* liegt.

AFB II

M1 $P(2|2|1)$, $Q(3|0|-1)$, $A(5|-4|-5)$

Die Gerade g verläuft durch die Punkte P und Q, aus denen wir den Richtungsvektor für die Parametergleichung ermitteln können:

$$\overrightarrow{PQ}=\overrightarrow{OQ}-\overrightarrow{OP}=\begin{pmatrix}3\\0\\-1\end{pmatrix}-\begin{pmatrix}2\\2\\1\end{pmatrix}=\begin{pmatrix}1\\-2\\-2\end{pmatrix}$$

Wählt man z. B. den Ortsvektor von P als Stützvektor, ergibt sich die Parametergleichung zu

$$g:\vec{x}=\begin{pmatrix}2\\2\\1\end{pmatrix}+t\cdot\begin{pmatrix}1\\-2\\-2\end{pmatrix}$$

Der Punkt A liegt dann auf g, wenn sich der Vektor $\overrightarrow{OA}$ als Linearkombination der Vektoren aus der Parametergleichung darstellen lässt. Dies ist möglich mit

$$\begin{pmatrix}5\\-4\\-5\end{pmatrix}=\begin{pmatrix}2\\2\\1\end{pmatrix}+3\cdot\begin{pmatrix}1\\-2\\-2\end{pmatrix}$$

Der Punkt A liegt auf der Geraden g.

Tipp

Mit dem GTR kann nicht geprüft werden, ob ein Punkt auf der Geraden liegt, da das lineare Gleichungssystem 3 Zeilen und nur 2 Spalten aufweist. Der Befehl „rref" des GTR kann aber nur verwendet werden, wenn die Spaltenzahl nicht kleiner als die Zeilenzahl ist.

10

AFB II

Stellen Sie jeweils die Ebenengleichung in Parameterform für die folgenden Fälle auf.

M1

a) Drei Punkte: $A(2|-1|3)$, $B(4|4|5)$, $C(5|1|3)$

b) Ein Punkt und eine Gerade: $Q(4|2|-3)$, $g:\vec{x}=\begin{pmatrix}3\\5\\6\end{pmatrix}+t\cdot\begin{pmatrix}-1\\0\\2\end{pmatrix}$

c) Zwei sich schneidende Geraden: $g:\vec{x}=\begin{pmatrix}3\\3\\-4\end{pmatrix}+r\cdot\begin{pmatrix}-1\\2\\3\end{pmatrix}$, $h:\vec{x}=\begin{pmatrix}2\\-1\\1\end{pmatrix}+s\cdot\begin{pmatrix}1\\-5\\-2\end{pmatrix}$

d) Zwei parallele Geraden: $g:\vec{x}=\begin{pmatrix}5\\-1\\4\end{pmatrix}+t\cdot\begin{pmatrix}1\\0\\-1\end{pmatrix}$, $h:\vec{x}=\begin{pmatrix}-3\\-7\\4\end{pmatrix}+u\cdot\begin{pmatrix}1\\0\\-1\end{pmatrix}$

Lösung zu a)

Mit dem Ortsvektor von A als Stützvektor und den Richtungs- bzw. Spannvektoren $\overrightarrow{AB}$ und $\overrightarrow{AC}$ ergibt sich die Parametergleichung

$$E:\vec{x}=\begin{pmatrix}2\\2\\1\end{pmatrix}+\lambda\cdot\begin{pmatrix}1\\-2\\-2\end{pmatrix}+\gamma\cdot\begin{pmatrix}1\\-2\\-2\end{pmatrix}$$

Lösung zu b)

Als Stützvektor bietet sich der Stützvektor der Geraden g an, genannt $\overrightarrow{OP}$. Spannvektoren sind der Richtungsvektor von g und der Vektor $\overrightarrow{PQ}$, der an den Stützvektor anschließend zu Q geht. Damit ergibt sich die Parametergleichung

$$E:\vec{x}=\begin{pmatrix}3\\5\\6\end{pmatrix}+\lambda\cdot\begin{pmatrix}-1\\0\\2\end{pmatrix}+\gamma\cdot\begin{pmatrix}1\\-3\\-9\end{pmatrix}$$

Fortsetzung: Stellen Sie jeweils die Ebenengleichung in Parameterform für die folgenden Fälle auf.

AFB II

Lösung zu c)

Durch Gleichsetzen der Geradengleichungen und Lösen des linearen Gleichungssystems ermittelt man den Schnittpunkt $S(0|9|5)$. Mit dem Ortsvektor von S als Stützvektor und den Richtungsvektoren von g und h als Spannvektoren ergibt sich die Parametergleichung

$$E:\vec{x}=\begin{pmatrix}0\\9\\5\end{pmatrix}+\lambda\cdot\begin{pmatrix}-1\\2\\3\end{pmatrix}+\gamma\cdot\begin{pmatrix}1\\-5\\-2\end{pmatrix}$$

Lösung zu d)

Beispielsweise von g übernimmt man für die Ebene den Stützvektor und den Richtungsvektor als einen Spannvektor. Den zweiten Spannvektor erhält man aus der Differenz der Stützvektoren von g und h. Damit ergibt sich die Parametergleichung

$$E:\vec{x}=\begin{pmatrix}5\\-1\\4\end{pmatrix}+\lambda\cdot\begin{pmatrix}1\\0\\-1\end{pmatrix}+\gamma\cdot\begin{pmatrix}-8\\-6\\0\end{pmatrix}$$

Tipp

Die in den Aufgaben 1–10 dieses Kapitels behandelten Grundlagen enthalten fachliche Zusammenhänge und beispielhafte Überlegungen, die für den Umgang mit den Aufgaben der linearen Algebra absolut notwendige Basis sind. Verschaffen Sie sich daher die nötige Routine und Sicherheit im Umgang damit.

11

AFB II

Bestimmen Sie jeweils die Normalenform der Ebene aus der gegebenen Parameterform.

M1

a) $E: \vec{x} = \begin{pmatrix} 4 \\ 11 \\ -3 \end{pmatrix} + \lambda \cdot \begin{pmatrix} 6 \\ 0 \\ -4 \end{pmatrix} + \gamma \cdot \begin{pmatrix} 9 \\ 1 \\ 2 \end{pmatrix}$

b) $E: \vec{x} = \begin{pmatrix} 5 \\ -3 \\ 4 \end{pmatrix} + \lambda \cdot \begin{pmatrix} -2 \\ 7 \\ 5 \end{pmatrix} + \gamma \cdot \begin{pmatrix} 4 \\ -1 \\ 3 \end{pmatrix}$

Lösung zu a)

Die Gleichung in Normalenform ist eine andere Art der Darstellung der Ebene. Wesentliches Merkmal ist, dass dabei die beiden Spannvektoren durch einen Normalenvektor $\vec{n}$ ersetzt werden. Die Normalenform der Ebenengleichung lautet $(\vec{x} - \vec{p}) \cdot \vec{n} = 0$, wobei $\vec{p}$ der Ortsvektor ist. Dieser kann von der Parametergleichung übernommen werden.
Bei der Ermittlung der Normalenform aus der Parameterform wird ein Vektor $\vec{n}$ gesucht, der zu beiden Spannvektoren normal bzw. orthogonal ist. Zwei Vektoren sind dann orthogonal zueinander, wenn deren Skalarprodukt null ist. Daraus ergibt sich der Ansatz

$\vec{n} \cdot \begin{pmatrix} 6 \\ 0 \\ -4 \end{pmatrix} = 0$ und $\vec{n} \cdot \begin{pmatrix} 9 \\ 1 \\ 2 \end{pmatrix} = 0$; dies ergibt das LGS $\begin{aligned} 6n_1 - 4n_3 &= 0 \\ 9n_1 + n_2 + 2n_3 &= 0 \end{aligned}$

Da das lineare Gleichungssystem (LGS) mehr Variablen als Zeilen aufweist, kann eine Variable frei bestimmt werden, z. B. $n_1 = 2$. Die Lösung des LGS liefert dann $n_3 = 3$ und $n_2 = -24$. Die Normalenform für die Ebene lautet damit

$$E: \left[\vec{x} - \begin{pmatrix} 4 \\ 11 \\ -3 \end{pmatrix} \right] \cdot \begin{pmatrix} 2 \\ -24 \\ 3 \end{pmatrix} = 0$$

Lösung zu b)

Entsprechend der vorherigen Teilaufgabe wird hier verfahren, die Normalenform lautet z. B.

$$E: \left[\vec{x} - \begin{pmatrix} 5 \\ -3 \\ 4 \end{pmatrix} \right] \cdot \begin{pmatrix} -1 \\ -1 \\ 1 \end{pmatrix} = 0$$

12

Bestimmen Sie mithilfe des GTR jeweils die Normalenform der Ebene aus der gegebenen Parameterform.

AFB II

GTR

M1

a) $E:\vec{x}=\begin{pmatrix}5\\-2\\1\end{pmatrix}+\lambda\cdot\begin{pmatrix}3\\6\\-3\end{pmatrix}+\gamma\cdot\begin{pmatrix}2\\2\\1\end{pmatrix}$

b) $E:\vec{x}=\begin{pmatrix}12\\15\\-8\end{pmatrix}+\lambda\cdot\begin{pmatrix}9\\16\\-4\end{pmatrix}+\gamma\cdot\begin{pmatrix}14\\-10\\5\end{pmatrix}$

Lösung zu a)

Die Vorgehensweise entspricht der aus Aufgabe 11. In diesem Fall ergibt sich aus den Skalarprodukten das LGS

$$3n_1+6n_2-3n_3=0$$
$$2n_1+2n_2+n_3=0$$

Die Lösung des LGS erfolgt mit dem GTR.

Koeffizientenmatrix und Lösung:

```
[A]
      [[3 6 -3 0]
       [2 2 1  0]]
rref([A]
   [[1 0 2    0]
    [0 1 -1.5 0]]
```

Aus der letzten Zeile liest man $n_2=1{,}5\,n_3$ ab, also z. B. mit $n_3=2$: $n_2=3$. Aus der ersten Zeile folgt dann $n_1=-2n_3=4$.
Damit lautet die Normalenform der Ebene

$$E:\left[\vec{x}-\begin{pmatrix}5\\-2\\1\end{pmatrix}\right]\cdot\begin{pmatrix}-4\\3\\2\end{pmatrix}=0$$

Lösung zu b)

Lösung des GTR:

```
rref([A]
[[1 0 .12738853...
 [0 1 -.3216560...
Ans▸Frac
[[1 0 20/157    ...
 [0 1 -101/314  ...
```

Normalenform:

$$E:\left[\vec{x}-\begin{pmatrix}12\\15\\-8\end{pmatrix}\right]\cdot\begin{pmatrix}-40\\101\\314\end{pmatrix}=0$$

13

AFB II

Bestimmen Sie jeweils die Koordinatengleichung der Ebene aus der gegebenen Parameterform.

M1

a) $E:\vec{x}=\begin{pmatrix}2\\6\\-1\end{pmatrix}+\lambda\cdot\begin{pmatrix}0\\-3\\-2\end{pmatrix}+\gamma\cdot\begin{pmatrix}4\\1\\1\end{pmatrix}$ b) $E:\vec{x}=\begin{pmatrix}3\\1\\4\end{pmatrix}+\lambda\cdot\begin{pmatrix}3\\-3\\3\end{pmatrix}+\gamma\cdot\begin{pmatrix}2\\-1\\3\end{pmatrix}$

Lösung zu a)

Eine dritte Darstellungsmöglichkeit einer Ebene ist die Koordinatengleichung. Mit ihrer Hilfe lassen sich z. B. auf einfache Weise die Durchstoßpunkte der Achsen bestimmen.

Die Umformung aus der Parameterform geht folgendermaßen:

Aus $\begin{pmatrix}x_1\\x_2\\x_3\end{pmatrix}=\begin{pmatrix}2\\6\\-1\end{pmatrix}+\lambda\cdot\begin{pmatrix}0\\-3\\-2\end{pmatrix}+\gamma\cdot\begin{pmatrix}4\\1\\1\end{pmatrix}$ wird das LGS $\begin{aligned}x_1&=2+0\lambda+4\gamma\\x_2&=6-3\lambda+\gamma\\x_3&=-1-2\lambda+\gamma\end{aligned}$

Die Variablen λ und γ werden mit dem Einsetzungsverfahren eliminiert. Die erste Gleichung wird z. B. nach γ umgestellt, die zweite nach λ. Dann wird γ in λ eingesetzt. Die Ergebnisse werden in die verbleibende, letzte Gleichung eingesetzt:

$$\gamma=\frac{1}{4}x_1-\frac{1}{2}$$

$$\lambda=-\frac{1}{3}x_2+2+\frac{1}{3}\gamma=-\frac{1}{3}x_2+2+\frac{1}{3}\left(\frac{1}{4}x_1-\frac{1}{2}\right)=\frac{1}{12}x_1-\frac{1}{3}x_2+\frac{11}{6}$$

$$x_3=-1-2\left(\frac{1}{12}x_1-\frac{1}{3}x_2+\frac{11}{6}\right)+\frac{1}{4}x_1-\frac{1}{2}\quad\Rightarrow\quad E:-\frac{1}{12}x_1-\frac{2}{3}x_2+x_3=-\frac{31}{6}$$

Die Brüche entfallen, wenn die ganze Gleichung mit –12 multipliziert wird, die Koordinatengleichung lautet dann $x_1+8x_2-12x_3=62$.

Lösung zu b)

Der Lösungsansatz entspricht dem der vorherigen Teilaufgabe, wobei der Aufwand etwas höher ist, da der Koeffizient von λ in der ersten Zeile hier nicht null ist. Das Ergebnis der Koordinatengleichung lautet

$$E:-2x_1-x_2+x_3=-3$$

14

Bestimmen Sie mithilfe des GTR die Koordinatengleichung der Ebene aus der gegebenen Parameterform.

AFB II

GTR

M1

$$E:\vec{x}=\begin{pmatrix}2\\-3\\1\end{pmatrix}+\lambda\cdot\begin{pmatrix}4\\-2\\3\end{pmatrix}+\gamma\cdot\begin{pmatrix}-3\\5\\-2\end{pmatrix}$$

Das Ziel ist das gleiche wie in Aufgabe 13, die aufwendige Rechenarbeit übernimmt diesmal der GTR. Hierfür ist jedoch die Koeffizientenmatrix besonders vorzubereiten. In jeder Zeile werden die nicht vorhandenen Komponenten von x mit dem Koeffizient null versehen. Das Gleichungssystem ist folgendermaßen zu ordnen:

$$\begin{aligned}4\lambda-3\gamma-x_1+0x_2+0x_3&=-2\\-2\lambda+5\gamma+0x_1-x_2+0x_3&=3\\3\lambda-2\gamma+0x_1+0x_2-x_3&=-1\end{aligned}\quad ;\text{ Matrix: } A=\begin{pmatrix}4&-3&-1&0&0&-2\\-2&5&0&-1&0&3\\3&2&0&0&-1&-1\end{pmatrix}$$

Lösung des GTR (Abb. zeigt linke und rechte Seite der GTR-Anzeige):

```
[[1 0 0 -.18181...
 [0 1 0 -.27272...
 [0 0 1 .090909...
Ans▸Frac
[[1 0 0 -2/11  -...
 [0 1 0 -3/11  -...
 [0 0 1 1/11   -...
```

```
[[1 0 0 -.18181...
 [0 1 0 -.27272...
 [0 0 1 .090909...
Ans▸Frac
...1  -5/11   1/11]
...1  -2/11   7/11]
...   -14/11  5/11]]
```

Aus der letzten Zeile lässt sich die Koordinatengleichung ablesen:

$$E:x_1+\frac{1}{11}x_2-\frac{14}{11}x_3=\frac{5}{11}$$

Auch hier kann man die Brüche vermeiden, wenn die Gleichung mit 11 multipliziert wird:

$$E:11x_1+x_2-14x_3=5$$

15

AFB II

Bestimmen Sie jeweils die Normalenform der Ebene aus der Koordinatengleichung.

M1 a) $E: -4x_1 + 3x_2 - 2x_3 = 11$ b) $E: 6x_1 - 2x_2 + 5x_3 = -1$ c) $E: -5x_1 + x_2 = 10$

Lösung zu a)

Dieser Wechsel der Darstellung ist vergleichsweise einfach erledigt. Der Normalenvektor lässt sich unmittelbar aus den Koeffizienten von x ermitteln:

$$\vec{n} = \begin{pmatrix} -4 \\ 3 \\ -2 \end{pmatrix}$$

Den Stützvektor erhält man, indem man z. B. Werte für x_1 und x_2 frei wählt, diese in die Gleichung einsetzt und x_3 durch Umstellen berechnet. Setzt man beispielsweise $x_1 = 0$ und $x_2 = 3$, errechnet man $x_3 = -1$.
Damit notiert man die Normalenform

$$E: \left[\vec{x} - \begin{pmatrix} 0 \\ 3 \\ -1 \end{pmatrix}\right] \cdot \begin{pmatrix} -4 \\ 3 \\ -2 \end{pmatrix} = 0$$

Lösung zu b)

Entsprechend der vorherigen Teilaufgabe ermittelt man in diesem Fall z. B.

$$E: \left[\vec{x} - \begin{pmatrix} 0 \\ 0,5 \\ 0 \end{pmatrix}\right] \cdot \begin{pmatrix} 6 \\ -2 \\ 5 \end{pmatrix} = 0$$

Lösung zu c)

Entsprechend der vorherigen Teilaufgabe ermittelt man in diesem Fall z. B.

$$E: \left[\vec{x} - \begin{pmatrix} 0 \\ 10 \\ 0 \end{pmatrix}\right] \cdot \begin{pmatrix} -5 \\ 1 \\ 0 \end{pmatrix} = 0$$

Bestimmen Sie jeweils eine Parametergleichung der Ebene aus der gegebenen Koordinatenform.

AFB II

M1

a) $E: -10x_1 + 4x_2 + 2x_3 = 5$ b) $E: 4x_1 - 3x_2 + 6x_3 = -1$ c) $E: 2x_1 + 5x_2 - 7x_3 = 0$

Lösung zu a)

Auch dieser Wechsel der Darstellungsform ist vergleichsweise einfach zu bewerkstelligen. Zuerst wählt man frei z. B. $x_2 = 5\lambda$ und $x_3 = 5\gamma$, setzt dies in die Koordinatengleichung von E ein und stellt dann nach x_1 um:

$$-10x_1 + 4\cdot(5\lambda) + 2\cdot(5\gamma) = 5 \quad \Rightarrow \quad x_1 = 2\lambda + \gamma - \frac{1}{2}$$

Mit den Ergebnissen für die Komponenten von x wird die Parameterform bestückt:

$$E: \vec{x} = \begin{pmatrix} -\frac{1}{2} \\ 0 \\ 0 \end{pmatrix} + \lambda \cdot \begin{pmatrix} 2 \\ 5 \\ 0 \end{pmatrix} + \gamma \cdot \begin{pmatrix} 1 \\ 0 \\ 5 \end{pmatrix}$$

Lösung zu b)

Hier erhält man z. B. mit $x_1 = 3\lambda$ und $x_3 = \gamma$ die Parameterform

$$E: \vec{x} = \begin{pmatrix} 0 \\ \frac{1}{3} \\ 0 \end{pmatrix} + \lambda \cdot \begin{pmatrix} 3 \\ 4 \\ 0 \end{pmatrix} + \gamma \cdot \begin{pmatrix} 0 \\ 2 \\ 1 \end{pmatrix}$$

Lösung zu c)

Hier erhält man z. B. mit $x_2 = 2\lambda$ und $x_3 = 2\gamma$ die Parameterform

$$E: \vec{x} = \begin{pmatrix} 0 \\ 0 \\ 0 \end{pmatrix} + \lambda \cdot \begin{pmatrix} -5 \\ 2 \\ 0 \end{pmatrix} + \gamma \cdot \begin{pmatrix} 7 \\ 0 \\ 2 \end{pmatrix}$$

17

AFB II

GTR

Ermitteln Sie mithilfe des GTR jeweils die Koordinatengleichung der Ebene durch die Punkte *A*, *B* und *C*.

M1

a) $A(3|-1|5)$, $B(-6|5|7)$, $C(8|2|6)$

b) $A(16|-15|19)$, $B(12|-17|15)$, $C(8|-20|-11)$

c) $A(10|-4|9)$, $B(-6|1|12)$, $C(13|-8|-3)$

Lösung zu a)

Die Punktkoordinaten werden jeweils in die allgemeine Form der Koordinatengleichung $a_1x_1 + a_2x_2 + a_3x_3 = b$ eingesetzt. Das Ergebnis ist das folgende LGS:

$$\begin{aligned} 3a_1 - a_2 + 5a_3 - b &= 0 \\ -6a_1 - 5a_2 + 7a_3 - b &= 0 \\ 8a_1 + 2a_2 + 6a_3 - b &= 0 \end{aligned}$$

Dieses LGS kann mit dem GTR wie folgt verarbeitet werden:

Koeffizientenmatrix:

```
[A]
[[3  -1 5 -1 0]
 [-6 5  7 -1 0]
 [8  2  6 -1 0]]
```

Lösung:

```
[[1 0 0 0       ...
 [0 1 0 .0625   ...
 [0 0 1 -.1875  ...
Ans▸Frac
[[1 0 0 0      0...
 [0 1 0 1/16   0...
 [0 0 1 -3/16  0...
```

Aus der letzten Zeile liest man $a_3 - \frac{3}{16}b = 0$ ab, d. h., man kann z. B. b frei wählen mit $b = 16$. Daraus berechnet man $a_3 = 3$ und auch aus der zweiten Zeile $a_2 = -1$. Der ersten Zeile entnimmt man direkt $a_1 = 0$.
Die Koordinatengleichung der Ebene lautet damit

$$E: -x_2 + 3x_3 = 16$$

Lösung zu b)

Hier lautet das LGS

$$\begin{aligned} 16a_1 - 15a_2 + 19a_3 - b &= 0 \\ 12a_1 - 17a_2 + 15a_3 - b &= 0 \\ 8a_1 - 20a_2 - 11a_3 - b &= 0 \end{aligned}$$

Fortsetzung: Ermitteln Sie mithilfe des GTR jeweils die Koordinatengleichung der Ebene durch die Punkte A, B und C.

AFB II

GTR

Dieses LGS kann mit dem GTR wie folgt verarbeitet werden:

Koeffizientenmatrix:

```
[A]
[[16  -15  19   -1…
 [12  -17  15   -1…
 [8   -20  -11  -1…
```

Lösung:

```
[[1 0 0 -.01964…
 [0 1 0 .043222…
 [0 0 1 -.00196…
Ans▸Frac
[[1 0 0 -10/509…
 [0 1 0 22/509 …
 [0 0 1 -1/509 …
```

Aus der letzten Zeile liest man $a_3 - \frac{1}{509}b = 0$ ab, d. h., man kann z. B. b frei wählen mit $b = 509$. Daraus berechnet man $a_3 = 1$ und auch aus der zweiten Zeile $a_2 = -22$ und der ersten Zeile $a_1 = 10$.
Die Koordinatengleichung der Ebene lautet damit:

$$E: 10x_1 - 22x_2 + x_3 = 509$$

Lösung zu c)
Hier lautet das LGS:

$$\begin{aligned} 10a_1 - 4a_2 + 9a_3 - b &= 0 \\ -6a_1 + a_2 + 12a_3 - b &= 0 \\ 13a_1 - 8a_2 - 3a_3 - b &= 0 \end{aligned}$$

Koeffizientenmatrix:

```
[A]
[[10 -4  9   -1 0…
 [-6  1  12  -1 0…
 [13 -8  -3  -1 0…
```

Lösung:

```
[[1 0 0 .069264…
 [0 1 0 .264069…
 [0 0 1 -.07070…
Ans▸Frac
[[1 0 0 16/231 …
 [0 1 0 61/231 …
 [0 0 1 -7/99  …
```

Die Koordinatengleichung der Ebene lautet dann mit z. B. $b = 231$

$$E: -16x_1 - 61x_2 + \frac{49}{3}x_3 = 231$$

18

AFB II

Geben Sie ausgehend von dem Mittelpunkt *M* und dem Radius *r* jeweils die vektorielle Kreis- bzw. Kugelgleichung und die Koordinatengleichung für Kreis und Kugel an.

M1

a) Vektorielle Kreisgleichung für $M(4|7)$, $r=3$

b) Vektorielle Kugelgleichung für $M(-3{,}5|4{,}1|-0{,}7)$, $r=2{,}9$

c) Koordinatengleichung des Kreises für $M(3|-2)$, $r=2$

d) Koordinatengleichung der Kugel für $M(-4|3|2)$, $r=5$

Lösung zu a)

Für die vektorielle Kreis- bzw. Kugelgleichung gilt $(\vec{p}-\vec{m})^2=r^2$, wobei r der Radius, $\vec{p}$ der Ortsvektor zu einem beliebigen Punkt eines Kreises bzw. einer Kugel ist und $\vec{m}$ der Ortsvektor zu dem Mittelpunkt M.

Damit lautet die vektorielle Kreisgleichung des angegebenen Kreises

$$\left[\vec{p}-\begin{pmatrix}4\\7\end{pmatrix}\right]^2=9$$

Lösung zu b)

Lediglich um die zusätzliche Koordinate unterscheidet sich die vektorielle Kugel- von der Kreisgleichung. Für dieses Beispiel lautet sie

$$\left[\vec{p}-\begin{pmatrix}-3{,}5\\4{,}1\\-0{,}7\end{pmatrix}\right]^2=8{,}41$$

Lösung zu c)

Für die Koordinatengleichung des Kreises gilt $(x-m_x)^2+(y-m_y)^2=r^2$, wobei r der Radius und m die Koordinaten des Mittelpunktes sind. Damit ergibt sich

$$(x-3)^2+(y+2)^2=4 \quad\Rightarrow\quad x^2-6x+y^2+4y+9=0$$

Lösung zu d)

Die Koordinatengleichung der Kugel entspricht der des Kreises, die um die zusätzliche Koordinate ergänzt ist: $(x-m_x)^2+(y-m_y)^2+(z-m_z)^2=r^2$.

Damit ergibt sich

$$(x+4)^2+(y-3)^2+(z-2)^2=25 \quad\Rightarrow$$
$$x^2+8x+y^2-6y+z^2-4z+4=0$$

KAPITEL 9

Analytische Geometrie – Lagebeziehungen

Alle Fragen im Überblick

AFB I

1 **Prüfen Sie**, ob $\vec{v}$ und $\vec{w}$ jeweils zueinander orthogonal sind.

AFB II

2 **Bestimmen Sie** jeweils die gegenseitige Lage der Geraden *g* und *h*.

3 (GTR) **Bestimmen Sie** jeweils mithilfe des GTR die gegenseitige Lage der Geraden *g* und *h*.

4 (GTR) **Prüfen Sie** jeweils mithilfe des GTR, ob der Punkt *P* auf der Ebene *E* liegt.

5 **Untersuchen Sie** jeweils die gegenseitige Lage der Gerade *g* und der Ebene *E*. **Skizzieren Sie** die jeweilige Lösung.

6 (GTR) **Untersuchen Sie** jeweils mithilfe des GTR die gegenseitige Lage der Gerade *g* und der Ebene *E*.

7 **Untersuchen Sie** jeweils die gegenseitige Lage zweier Ebenen und **bestimmen Sie** gegebenenfalls die Schnittgerade.

8 (GTR) **Untersuchen Sie** jeweils mithilfe des GTR die gegenseitige Lage zweier Ebenen und **bestimmen Sie** gegebenenfalls die Schnittgerade.

9 **Untersuchen Sie** jeweils die gegenseitige Lage dreier Ebenen.

10 **Berechnen Sie** jeweils den Schnittwinkel zwischen der Geraden *g* und der Ebene *E*.

11 **Berechnen Sie** jeweils den Abstand des Punktes *P* von der Geraden *g*.

12 **Geben Sie** jeweils die Ebene in Hessescher Normalenform **an** und **bestimmen Sie** den Abstand der Punkte *R*, *S* und *T* von der Ebene *E*.

13 **Bestimmen Sie** jeweils die gegenseitige Lage der Geraden *g* und des Kreises *k*.

14 **Untersuchen Sie** die gegenseitige Lage der Ebene mit der Kugel und **bestimmen Sie** gegebenenfalls den Radius des Schnittkreises.

15 **Ermitteln Sie** die geforderten Größen an einem Satteldach mit Dachgaube, dessen Raumkoordinaten gegeben sind.

AFB III

16 **Interpretieren Sie** für die gegebene Gerade *g* und die Geradenschar h_k die folgende Abstandsuntersuchung.

17 **Ermitteln Sie** die geforderten Größen, die durch Sonneneinstrahlung in die Dachgaube aus Aufgabe 15 entstehen.

18 **Untersuchen Sie** die gegenseitige Lage der Geraden *g* und der Geradenschar h_k aus Aufgabe 16 und **führen Sie** die folgende Abstandsberechnung **durch**.

1

AFB I

M1

Prüfen Sie, ob $\vec{v}$ und $\vec{w}$ jeweils zueinander orthogonal sind.

a) $\vec{v}=\begin{pmatrix}2\\-3\\3\end{pmatrix}, \vec{w}=\begin{pmatrix}4\\2\\1\end{pmatrix}$ b) $\vec{v}=\begin{pmatrix}-4\\2\\7\end{pmatrix}, \vec{w}=\begin{pmatrix}1\\9\\-2\end{pmatrix}$ c) $\vec{v}=\begin{pmatrix}3\\6\\2\end{pmatrix}, \vec{w}=\begin{pmatrix}-4\\3\\-3\end{pmatrix}$ d) $\vec{v}=\begin{pmatrix}2\\9\\4\end{pmatrix}, \vec{w}=\begin{pmatrix}8\\-3\\-2\end{pmatrix}$

Lösung zu a)

Ist das Skalarprodukt zweier Vektoren, die jeweils nicht der Nullvektor sind, gleich null ($\vec{a}\cdot\vec{b}=0$), dann sind die Vektoren orthogonal (also senkrecht) zueinander. Im vorliegenden Fall berechnet man:

$\vec{v}\cdot\vec{w}=\begin{pmatrix}2\\-3\\3\end{pmatrix}\cdot\begin{pmatrix}4\\2\\1\end{pmatrix}=2\cdot 4+(-3)\cdot 2+3\cdot 1=5$, die Vektoren sind also nicht orthogonal zueinander.

Lösung zu b)

$\vec{v}\cdot\vec{w}=\begin{pmatrix}-4\\2\\7\end{pmatrix}\cdot\begin{pmatrix}1\\9\\-2\end{pmatrix}=(-4)\cdot 1+2\cdot 9+7\cdot(-2)=0$, die Vektoren sind also orthogonal zueinander.

Lösung zu c)

$\vec{v}\cdot\vec{w}=\begin{pmatrix}3\\6\\2\end{pmatrix}\cdot\begin{pmatrix}-4\\3\\-3\end{pmatrix}=3\cdot(-4)+6\cdot 3+2\cdot(-3)=0$, die Vektoren sind also orthogonal zueinander.

Lösung zu d)

$\vec{v}\cdot\vec{w}=\begin{pmatrix}2\\9\\4\end{pmatrix}\cdot\begin{pmatrix}8\\-3\\-2\end{pmatrix}=2\cdot 8+9\cdot(-3)+4\cdot(-2)=-19$, die Vektoren sind also nicht orthogonal zueinander.

2

Bestimmen Sie jeweils die gegenseitige Lage der Geraden *g* und *h*.

AFB II

M1

a) $g: \vec{x} = \begin{pmatrix} -2 \\ -1 \\ 7 \end{pmatrix} + s \cdot \begin{pmatrix} 6 \\ -4 \\ 5 \end{pmatrix}, \quad h: \vec{x} = \begin{pmatrix} 14 \\ -7 \\ 6 \end{pmatrix} + t \cdot \begin{pmatrix} 4 \\ 0 \\ 2 \end{pmatrix}$

b) $g: \vec{x} = \begin{pmatrix} 18 \\ -13 \\ 14 \end{pmatrix} + s \cdot \begin{pmatrix} -1 \\ 1 \\ -1 \end{pmatrix}, \quad h: \vec{x} = \begin{pmatrix} 18 \\ -12 \\ 7 \end{pmatrix} + t \cdot \begin{pmatrix} -10 \\ 9 \\ -3 \end{pmatrix}$

c) $g: \vec{x} = \begin{pmatrix} 3 \\ 4 \\ -7 \end{pmatrix} + s \cdot \begin{pmatrix} 1 \\ 2 \\ -1 \end{pmatrix}, \quad h: \vec{x} = \begin{pmatrix} 6 \\ 10 \\ -10 \end{pmatrix} + t \cdot \begin{pmatrix} -1 \\ -2 \\ 1 \end{pmatrix}$

Lösung zu a)

Zuerst werden die Richtungsvektoren auf lineare Abhängigkeit untersucht. Sind sie linear abhängig, sind die Geraden entweder parallel oder identisch. Sind die Richtungsvektoren linear unabhängig, dann sind die Geraden entweder windschief oder sie schneiden sich.

Im vorliegenden Fall ergibt die Untersuchung die Gleichung $\begin{pmatrix} 6 \\ -4 \\ 5 \end{pmatrix} = r \cdot \begin{pmatrix} 4 \\ 0 \\ 2 \end{pmatrix}$

An der y-Komponente sieht man unmittelbar, dass es kein $r \in \mathbb{R}$ gibt, das diese Gleichung löst, also sind die Richtungsvektoren linear unabhängig. Es folgt die Untersuchung des LGS, das sich ergibt, wenn beide Geradengleichungen gleichgesetzt werden. Ist das LGS lösbar, dann schneiden sich die Geraden, ist es nicht lösbar, dann sind die Geraden **windschief.** Hier ergibt sich das folgende LGS:

$$\begin{aligned} -2+6s &= 14+4t \\ -1-4s &= -7 \\ 7+5s &= 6+2t \end{aligned}$$

Dieses LGS hat keine Lösung, die Geraden g und h sind windschief.

Lösung zu b)

Auch in diesem Fall sind die Richtungsvektoren linear unabhängig. Die Gleichung $\begin{pmatrix}-1\\1\\-1\end{pmatrix}=r\cdot\begin{pmatrix}-10\\9\\-3\end{pmatrix}$ ist mit $r\in\mathbb{R}$ nicht lösbar, das ergibt sich unmittelbar aus der Konstellation der x- und der z-Komponente.

Hier ergibt sich im Weiteren das folgende LGS:

$$\begin{aligned}18-s&=18-10t\\13+s&=-12+9t\\14-s&=7-3t\end{aligned}$$

Das LGS hat die Lösungen $s=10$ und $t=1$, d. h., die Geraden schneiden sich. Der Schnittpunkt $S(8\,|\,-3\,|\,4)$ errechnet sich, indem man s in die Gleichung von g einsetzt oder t in die von h.

Lösung zu c)

In diesem Fall sind die Richtungsvektoren linear abhängig.

Die Gleichung $\begin{pmatrix}1\\2\\-1\end{pmatrix}=(-1)\cdot\begin{pmatrix}-1\\-2\\1\end{pmatrix}$ ist lösbar.

Im Weiteren ist zu untersuchen, ob z. B. der Stützvektor von h sich als Linearkombination der Vektoren von g darstellen lässt. Daraus ergibt sich das LGS

$$\begin{aligned}3+s&=6\\4+2s&=10\\-7-s&=-10\end{aligned}$$

Das LGS hat die Lösung $s=3$, folglich erreicht der Stützvektor von h auch die Gerade g. Also sind die Geraden g und h identisch.

3

Bestimmen Sie jeweils mithilfe des GTR die gegenseitige Lage der Geraden *g* und *h*.

AFB II

GTR

M1

a) $g:\vec{x}=\begin{pmatrix}-1\\-7\\-2\end{pmatrix}+s\cdot\begin{pmatrix}-5\\4\\-3\end{pmatrix},\quad h:\vec{x}=\begin{pmatrix}-4\\3\\-15\end{pmatrix}+t\cdot\begin{pmatrix}6\\-1\\-2\end{pmatrix}$

b) $g:\vec{x}=\begin{pmatrix}10\\6\\2\end{pmatrix}+s\cdot\begin{pmatrix}3\\2\\-4\end{pmatrix},\quad h:\vec{x}=\begin{pmatrix}1\\0\\14\end{pmatrix}+t\cdot\begin{pmatrix}-6\\-4\\8\end{pmatrix}$

c) $g:\vec{x}=\begin{pmatrix}0\\-1\\1\end{pmatrix}+s\cdot\begin{pmatrix}4\\-3\\-2\end{pmatrix},\quad h:\vec{x}=\begin{pmatrix}5\\-1\\1\end{pmatrix}+t\cdot\begin{pmatrix}-12\\9\\6\end{pmatrix}$

Lösung zu a)

Die Geradengleichungen werden gleichgesetzt und das entstehende LGS entsprechend dem folgenden Schema umgestellt:

$$\begin{aligned}-5s-6t&=-3\\4s+t&=10\\-3s+2t&=-13\end{aligned}$$

Lösung des GTR:

```
    [[-5  -6  -3  ]
     [4   1   10  ]
     [-3  2   -13]]
rref([A]
         [[1  0  3  ]
          [0  1  -2]
          [0  0  0  ]]
```

Das LGS hat eine eindeutige Lösung (die letzte Zeile ist immer erfüllt), aus der zweiten Zeile liest man $t=-2$ und aus der ersten Zeile $s=3$ ab. Die Geraden *g* und *h* schneiden sich, und zwar im Punkt $S(-16\,|\,5\,|\,-11)$.

3

AFB II

GTR

Fortsetzung: Bestimmen Sie jeweils mithilfe des GTR die gegenseitige Lage der Geraden g und h.

Lösung zu b)

Das vorbereitete LGS lautet

$$\begin{aligned} 3s+6t&=-9\\ 2s+4t&=-6\\ -4s-8t&=12 \end{aligned}$$

Lösung des GTR:

```
      [[3  6   -9]
       [2  4   -6]
       [-4 -8  12]]
rref([A]
        [[1 2 -3]
         [0 0 0 ]
         [0 0 0 ]]
```

Das LGS hat keine eindeutige Lösung, aus der ersten Zeile ergibt sich $s+2t=-3$, d. h., eine Variable ist frei wählbar. Das bedeutet, dass die Geraden g und h identisch sind.

Lösung zu c)

Lösung des GTR:

```
        [[4  12 5]
         [-3 -9 0]
         [-2 -6 0]]
rref([A]
          [[1 3 0]
           [0 0 1]
           [0 0 0]]
```

Das LGS ist nicht lösbar, denn die zweite Zeile zeigt einen Widerspruch $(0=1)$. Die Geraden g und h sind entweder windschief zueinander oder parallel. Die Untersuchung der Richtungsvektoren ergibt

$$\begin{pmatrix}-12\\9\\6\end{pmatrix}=(-3)\cdot\begin{pmatrix}4\\-3\\-2\end{pmatrix}$$

Die Richtungsvektoren sind linear abhängig, somit sind die Geraden g und h parallel zueinander.

Prüfen Sie jeweils mithilfe des GTR, ob der Punkt *P* auf der Ebene *E* liegt.

AFB II

GTR

M1

a) $P(3|1|-10), \quad E: \vec{x} = \begin{pmatrix} 2 \\ 4 \\ -7 \end{pmatrix} + v \cdot \begin{pmatrix} 5 \\ -1 \\ 1 \end{pmatrix} + w \cdot \begin{pmatrix} 3 \\ -2 \\ 1 \end{pmatrix}$

b) $P(2|9|2), \quad E: \vec{x} = \begin{pmatrix} 1 \\ -1 \\ 3 \end{pmatrix} + v \cdot \begin{pmatrix} 8 \\ -3 \\ 1 \end{pmatrix} + w \cdot \begin{pmatrix} -1 \\ -1 \\ 3 \end{pmatrix}$

c) $P(18|-53|-14), \quad E: \vec{x} = \begin{pmatrix} 1 \\ 9 \\ 17 \end{pmatrix} + v \cdot \begin{pmatrix} -5 \\ -6 \\ 3 \end{pmatrix} + w \cdot \begin{pmatrix} -8 \\ 11 \\ 10 \end{pmatrix}$

Lösung zu a)

Die Ebenengleichung und der Ortsvektor zu *P* werden gleichgesetzt, um zu untersuchen, ob sich der Ortsvektor als Linearkombination aus den Vektoren der Ebene darstellen lässt. Das entstehende LGS wird entsprechend dem folgenden Schema umgestellt:

$$\begin{aligned} 5v + 3w &= 1 \\ -v - 2w &= -3 \\ v - w &= -3 \end{aligned}$$

Lösung des GTR:

```
     [[5   3   1 ]
      [-1  -2  -3]
      [1   -1  -3]]
rref([A]
        [[1  0  -1]
         [0  1  2 ]
         [0  0  0 ]]
```

Das LGS hat eine eindeutige Lösung (die letzte Zeile ist immer erfüllt), aus der zweiten Zeile liest man $w = 2$ und aus der ersten Zeile $v = -1$ ab. Folglich liegt der Punkt *P* auf der Ebene *E*.

4

AFB II

GTR

Fortsetzung: Prüfen Sie jeweils mithilfe des GTR, ob der Punkt *P* auf der Ebene *E* liegt.

Lösung zu b)

Das vorbereitete LGS lautet

$$\begin{aligned} 8v - w &= 1 \\ -3v - w &= 10 \\ v + 3w &= -1 \end{aligned}$$

Lösung des GTR:

```
     [[8   -1  1  ]
      [-3  -1  10]
      [1   3   -1]]
rref([A]
        [[1 0 0]
         [0 1 0]
         [0 0 1]]
```

Das LGS hat keine Lösung, aus der letzten Zeile liest man einen Widerspruch $(0 = 1)$ ab. Das bedeutet, dass der Punkt *P* nicht auf der Ebene *E* liegt.

Lösung zu c mit GTR)

```
    [[-5  -8  17 ]
     [-6  11  -62]
     [3   10  -31]]
rref([A]
       [[1 0 3 ]
        [0 1 -4]
        [0 0 0 ]]
```

Das LGS hat eine eindeutige Lösung (die letzte Zeile ist immer erfüllt), aus der zweiten Zeile liest man $w = -4$ und aus der ersten Zeile $v = 3$ ab. Folglich liegt der Punkt P auf der Ebene *E*.

Tipp

Die Vorgehensweise ist ohne Verwendung des GTR identisch, zu lösen ist das jeweils dargestellte LGS dann per Kopf und Hand.

5

Untersuchen Sie jeweils die gegenseitige Lage der Gerade *g* und der Ebene *E*. Skizzieren Sie die jeweilige Lösung.

AFB II

M1

a) $g:\vec{x}=\begin{pmatrix}1\\1\\0\end{pmatrix}+t\cdot\begin{pmatrix}-3\\2\\2\end{pmatrix},\quad E:\vec{x}=\begin{pmatrix}3\\-1\\1\end{pmatrix}+v\cdot\begin{pmatrix}2\\3\\1\end{pmatrix}+w\cdot\begin{pmatrix}1\\0\\-1\end{pmatrix}$

b) $g:\vec{x}=\begin{pmatrix}1\\3\\0\end{pmatrix}+t\cdot\begin{pmatrix}2\\-7\\7\end{pmatrix},\quad E:\vec{x}=\begin{pmatrix}5\\-2\\1\end{pmatrix}+v\cdot\begin{pmatrix}6\\-1\\3\end{pmatrix}+w\cdot\begin{pmatrix}2\\3\\-2\end{pmatrix}$

c) $g:\vec{x}=\begin{pmatrix}0\\-14\\2\end{pmatrix}+t\cdot\begin{pmatrix}-1\\1\\8\end{pmatrix},\quad E:\vec{x}=\begin{pmatrix}4\\3\\5\end{pmatrix}+v\cdot\begin{pmatrix}-1\\-2\\3\end{pmatrix}+w\cdot\begin{pmatrix}1\\5\\2\end{pmatrix}$

Lösung zu a)

Zur Untersuchung der Lagebeziehung einer Gerade $g:\vec{x}=\vec{p}+t\cdot\vec{s}$ zu einer Ebene $E:\vec{x}=\vec{q}+v\cdot\vec{a}+w\cdot\vec{b}$ werden Ebene und Gerade gleichgesetzt:

$$\vec{p}+t\cdot\vec{s}=\vec{q}+v\cdot\vec{a}+w\cdot\vec{b}$$

Hat das daraus entstehende LGS unendlich viele Lösungen für t, v und w, dann liegt die Gerade in der Ebene. Bei genau einer Lösung für die Variablen durchstößt die Gerade die Ebene, hat das LGS keine Lösung, dann ist die Gerade zu der Ebene parallel.
Im vorliegenden Fall ist das folgende LGS zu lösen:

$$\begin{aligned}1-3t&=3+2v+w\\1+2t&=-1+3v\\2t&=1+v-w\end{aligned}$$

Das LGS hat genau eine Lösung mit $t=-\frac{5}{3}$, $v=-\frac{4}{9}$ und $w=\frac{35}{9}$. Die

Gerade g durchstößt die Ebene E. Den Durchstoßpunkt $D\left(6\,|-\frac{7}{3}\,|-\frac{10}{3}\right)$ erhält man, indem man t in die Gleichung von g oder v und w in die Gleichung von E einsetzt.

5

AFB II

Fortsetzung: Untersuchen Sie jeweils die gegenseitige Lage der Gerade g und der Ebene E.

Lösung zu b)

Im vorliegenden Fall ist das folgende LGS zu lösen:

$$\begin{aligned} 1+2t &= 5+6v+2w \\ 3-7t &= -2-v+3w \\ 7t &= 1+3v-2w \end{aligned}$$

Dieses LGS hat keine Lösung, die Gerade g verläuft also parallel zur Ebene E.

Lösung zu c)

Im vorliegenden Fall ist das folgende LGS zu lösen:

$$\begin{aligned} -t &= 4-v+w \\ -14+t &= 3-2v+5w \\ 2+8t &= 5+3v+2w \end{aligned}$$

Dieses LGS hat unendlich viele Lösungen mit $t=t$, $v=2t+1$ und $w=t-3$. Die Gerade g liegt also in der Ebene E.

Skizze: Prinzipielle Abbildung der Lösungen zu a), b) und c)

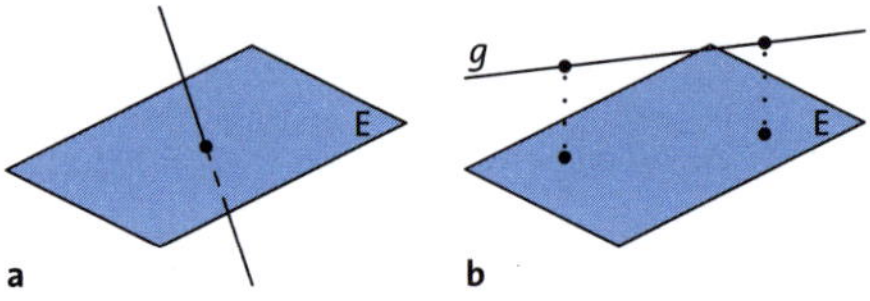

6

Untersuchen Sie jeweils mithilfe des GTR die gegenseitige Lage der Gerade *g* und der Ebene *E*.

AFB II

GTR

M1

a) $g:\vec{x}=\begin{pmatrix}5\\5\\-24\end{pmatrix}+t\cdot\begin{pmatrix}4\\-3\\7\end{pmatrix},\quad E:\vec{x}=\begin{pmatrix}3\\1\\4\end{pmatrix}+v\cdot\begin{pmatrix}6\\-2\\5\end{pmatrix}+w\cdot\begin{pmatrix}-1\\3\\3\end{pmatrix}$

b) $g:\vec{x}=\begin{pmatrix}2\\19\\-3\end{pmatrix}+t\cdot\begin{pmatrix}18\\-11\\17\end{pmatrix},\quad E:\vec{x}=\begin{pmatrix}-10\\6\\7\end{pmatrix}+v\cdot\begin{pmatrix}3\\-1\\1\end{pmatrix}+w\cdot\begin{pmatrix}-4\\3\\-5\end{pmatrix}$

c) $g:\vec{x}=\begin{pmatrix}-17\\-34\\20\end{pmatrix}+t\cdot\begin{pmatrix}14\\17\\-10\end{pmatrix},\quad E:\vec{x}=\begin{pmatrix}9\\-3\\2\end{pmatrix}+v\cdot\begin{pmatrix}-2\\-2\\1\end{pmatrix}+w\cdot\begin{pmatrix}4\\5\\-3\end{pmatrix}$

Lösung zu a)

Mathematische Zusammenhänge und die Vorgehensweise bei der Bearbeitung dieses Aufgabentyps sind in der Lösung zu a) der vorhergehenden Aufgabe näher beschrieben und erklärt. Gerade und Ebene werden gleichgesetzt, und das entstehende LGS wird entsprechend dem folgenden Schema umgestellt:

$$\begin{aligned}6v-w-4t&=2\\-2v+3w+3t&=4\\5v+3w-7t&=-28\end{aligned}$$

Lösung des GTR:

```
[[6   -1  -4  2   ]
 [-2  3   3   4   ]
 [5   3   -7  -28]]
rref([A]
     [[1  0  0  4 ]
      [0  1  0  -2]
      [0  0  1  6 ]]
```

Das LGS hat eine eindeutige Lösung, aus der letzten Zeile liest man $t=-6$ ab, aus der zweiten $w=-2$ und aus der ersten Zeile $v=4$. Die Gerade durchstößt die Ebene. Den Durchstoßpunkt $D(29\,|-13\,|\,18)$ erhält man, indem man entweder t in die Geradengleichung oder v und w in die Ebenengleichung einsetzt.

AFB II

GTR

6 **Fortsetzung:** Untersuchen Sie jeweils mithilfe des GTR die gegenseitige Lage der Gerade *g* und der Ebene *E*.

Lösung zu b)

In diesem Fall lautet das entsprechend umgestellte LGS:

$$\begin{aligned} 3v-4w-18t&=12\\ -v+3w+11t&=13\\ v-5w-17t&=-10 \end{aligned}$$

Lösung des GTR:

```
[[3  -4 -18 12 ...
 [-1 3  11  13 ...
 [1  -5 -17 -10...
rref([A]
    [[1 0 -2 0]
     [0 1 3  0]
     [0 0 0  1]]
```

Das LGS hat keine Lösung, denn aus der letzten Zeile ergibt sich ein Widerspruch $(0=1)$. Folglich sind Gerade und Ebene parallel zueinander.

Lösung zu c)

In diesem Fall lautet das entsprechend umgestellte LGS:

$$\begin{aligned} -2v+4w-14t&=-26\\ -2v+5w-17t&=-31\\ v-3w+10t&=18 \end{aligned}$$

Lösung des GTR:

```
[[-2 4  -14 -26...
 [-2 5  -17 -31...
 [1  -3 10  18 ...
rref([A]
   [[1 0 1  3 ]
    [0 1 -3 -5]
    [0 0 0  0 ]]
```

Das LGS hat unendlich viele Lösungen, denn aus der ersten und zweiten Zeile ergibt sich, dass t frei gewählt werden kann. Folglich liegt die Gerade in der Ebene.

Untersuchen Sie jeweils die gegenseitige Lage zweier Ebenen und bestimmen Sie ggf. die Schnittgerade.

AFB II

M1

a) $E_1: \vec{x} = \begin{pmatrix}1\\0\\2\end{pmatrix} + r \cdot \begin{pmatrix}5\\-5\\8\end{pmatrix} + s \cdot \begin{pmatrix}1\\2\\1\end{pmatrix}, \quad E_2: \vec{x} = \begin{pmatrix}-3\\7\\5\end{pmatrix} + v \cdot \begin{pmatrix}2\\-1\\3\end{pmatrix} + w \cdot \begin{pmatrix}-1\\3\\-2\end{pmatrix}$

b) $E_1: \vec{x} = \begin{pmatrix}0\\0\\2\end{pmatrix} + r \cdot \begin{pmatrix}1\\-1\\0\end{pmatrix} + s \cdot \begin{pmatrix}1\\0\\-1\end{pmatrix}, \quad E_2: \vec{x} = \begin{pmatrix}1\\0\\0\end{pmatrix} + v \cdot \begin{pmatrix}1\\-4\\0\end{pmatrix} + w \cdot \begin{pmatrix}1\\0\\-5\end{pmatrix}$

c) $E_1: \vec{x} = \begin{pmatrix}-1\\2\\2\end{pmatrix} + r \cdot \begin{pmatrix}1\\0\\-2\end{pmatrix} + s \cdot \begin{pmatrix}2\\-1\\3\end{pmatrix}, \quad E_2: \vec{x} = \begin{pmatrix}3\\-1\\-2\end{pmatrix} + v \cdot \begin{pmatrix}3\\-1\\1\end{pmatrix} + w \cdot \begin{pmatrix}1\\-1\\5\end{pmatrix}$

Lösung zu a)

Zur Untersuchung der Lagebeziehung zweier Ebenen $E_1: \vec{x} = \vec{p} + r \cdot \vec{m} + s \cdot \vec{n}$ und $E_2: \vec{x} = \vec{q} + v \cdot \vec{a} + w \cdot \vec{b}$ werden die Ebenen gleichgesetzt:

$$\vec{p} + r \cdot \vec{m} + s \cdot \vec{n} = \vec{q} + v \cdot \vec{a} + w \cdot \vec{b}$$

Hat das daraus entstehende LGS unendlich viele Lösungen für r, s, v und w, wobei drei der Variablen von einer abhängen, dann schneiden sich die Ebenen in einer Geraden. Besteht keine Abhängigkeit der Variablen, dann sind die Ebenen identisch. Hat das LGS keine Lösung, dann sind die Ebenen zueinander parallel.

Im vorliegenden Fall ist das folgende LGS zu lösen:

$$\begin{aligned} 1 + 5r + s &= -3 + 2v - w \\ -5r + 2s &= 7 - v + 3w \\ 2 + 8r + s &= -5 + 3v - 2w \end{aligned}$$

Daraus ergibt sich durch Umformen die Koeffizientenmatrix:

$$\left(\begin{array}{cccc|c} 2 & -1 & -5 & -1 & 4 \\ 0 & 5 & 5 & -5 & -10 \\ 0 & 0 & 0 & 0 & 0 \end{array}\right)$$

Das LGS hat unendlich viele Lösungen, denn aus der ersten und zweiten Zeile ergibt sich, dass zwei der Variablen frei gewählt werden können. Folglich sind die Ebenen identisch.

7

AFB II

Fortsetzung: Untersuchen Sie jeweils die gegenseitige Lage zweier Ebenen und bestimmen Sie gegebenenfalls die Schnittgerade.

Lösung zu b)

Im vorliegenden Fall ist das folgende LGS zu lösen:

$$\begin{aligned} r+s&=1+v+w\\ -r&=-4v\\ 2-s&=-5 \end{aligned}$$

Daraus ergibt sich durch Umformen die Koeffizientenmatrix

$$\left(\begin{array}{cccc|c} 1 & 1 & -1 & -1 & 1\\ 0 & 1 & 3 & -1 & -1\\ 0 & 0 & 3 & 4 & -1 \end{array}\right)$$

Das LGS hat unendlich viele Lösungen, denn aus der letzten Zeile ist ablesbar, dass z. B. w frei wählbar ist. In Abhängigkeit von w ergeben sich dann $v=-\frac{4}{3}w-\frac{1}{3}, s=5w+2, r=-\frac{16}{3}w-\frac{4}{3}$. Folglich schneiden sich die Ebenen in einer Geraden. Wird die Lösung für v in E_2 eingesetzt, erhält man die Schnittgerade $g:\vec{x}=\begin{pmatrix}\frac{2}{3}\\ \frac{4}{3}\\ 0\end{pmatrix}+w\cdot\begin{pmatrix}-\frac{1}{3}\\ \frac{16}{3}\\ -5\end{pmatrix}$

Lösung zu c)

Im vorliegenden Fall ist das folgende LGS zu lösen:

$$\begin{aligned} -1+r+2s&=3+3v+w\\ 2-s&=-1-v-w\\ 2-2r+3s&=-2+v+5w \end{aligned}$$

Daraus ergibt sich durch Umformen die Koeffizientenmatrix:

$$\left(\begin{array}{cccc|c} 1 & 2 & -3 & -1 & 4\\ 0 & -1 & 1 & 1 & -3\\ 0 & 0 & 0 & 0 & 17 \end{array}\right)$$

Das LGS hat keine Lösung, denn aus der letzten Zeile ergibt sich ein Widerspruch $(0=17)$. Folglich sind die Ebenen parallel zueinander.

8

Untersuchen Sie jeweils mithilfe des GTR die gegenseitige Lage zweier Ebenen und bestimmen Sie gegebenenfalls die Schnittgerade.

AFB II

GTR

M1

a) $E_1: \vec{x} = \begin{pmatrix} 3 \\ 4 \\ 3 \end{pmatrix} + r \cdot \begin{pmatrix} -1 \\ -1 \\ 2 \end{pmatrix} + s \cdot \begin{pmatrix} 3 \\ 1 \\ -2 \end{pmatrix}$, $E_2: \vec{x} = \begin{pmatrix} 12 \\ -4 \\ -2 \end{pmatrix} + v \cdot \begin{pmatrix} -2 \\ 5 \\ -1 \end{pmatrix} + w \cdot \begin{pmatrix} 1 \\ 2 \\ -1 \end{pmatrix}$

b) $E_1: \vec{x} = \begin{pmatrix} -1 \\ -3 \\ 5 \end{pmatrix} + r \cdot \begin{pmatrix} 1 \\ -6 \\ 2 \end{pmatrix} + s \cdot \begin{pmatrix} 4 \\ 3 \\ -1 \end{pmatrix}$, $E_2: \vec{x} = \begin{pmatrix} 3 \\ 6 \\ 2 \end{pmatrix} + v \cdot \begin{pmatrix} -3 \\ 6 \\ -2 \end{pmatrix} + w \cdot \begin{pmatrix} 1 \\ 12 \\ -4 \end{pmatrix}$

Lösung zu a)

Mathematische Zusammenhänge und die Vorgehensweise bei der Bearbeitung dieses Aufgabentyps sind in der Lösung zu a) der vorhergehenden Aufgabe näher beschrieben und erklärt. Die Ebenen werden gleichgesetzt, und das entstehende LGS wird entsprechend dem folgenden Schema umgestellt:

$$-r + 3s + 2v - w = 9$$
$$-r + s - 5v - 2w = -8$$
$$2r - 2s + v + w = -5$$

Koeffizientenmatrix des GTR:

```
[A]
[[-1  3   2  -1  9...
 [-1  1  -5  -2  -...
 [2  -2  1   1   -...
```

Lösung des GTR (Abb. zeigt die linke und rechte Seite der GTR-Anzeige)

```
[[1 0 0 -.33333...
 [0 1 0 -.66666...
 [0 0 1 .333333...
Ans▸Frac
[[1 0 0 -1/3 -1...
 [0 1 0 -2/3 1/...
 [0 0 1 1/3  7/...
```

```
[[1 0 0 -.33333...
 [0 1 0 -.66666...
 [0 0 1 .333333...
Ans▸Frac
... 0  -1/3  -10/3]
... 0  -2/3  1/3  ]
... 1  1/3   7/3  ]]
```

Das LGS hat unendlich viele Lösungen, denn aus der letzten Zeile ist ablesbar, dass z. B. v frei wählbar ist.

8

AFB II

GTR

Fortsetzung: Untersuchen Sie jeweils mithilfe des GTR die gegenseitige Lage zweier Ebenen und bestimmen Sie gegebenenfalls die Schnittgerade.

In Abhängigkeit von v ergeben sich dann: $w = 7 - 3v, s = 5 - 2v, r = -1 - v$. Folglich schneiden sich die Ebenen in einer Geraden. Wird die Lösung für w in E_2 eingesetzt, erhält man die Schnittgerade $g: \vec{x} = \begin{pmatrix} 19 \\ 10 \\ -9 \end{pmatrix} + v \cdot \begin{pmatrix} -5 \\ -1 \\ 2 \end{pmatrix}$.

Lösung zu b)

In diesem Fall lautet das entsprechend umgestellte LGS:

$$\begin{aligned} r + 4s + 3v - w &= 4 \\ -6r + 3s - 6v - 12w &= 9 \\ 2r - s + 2v + 4w &= -3 \end{aligned}$$

Koeffizientenmatrix des GTR:

```
[A]
[[1   4  3  -1  ...
 [-6  3  -6 -12 ...
 [2  -1  2   4  ...
```

Lösung des GTR (Abb. zeigt die linke und rechte Seite der GTR-Anzeige):

```
... -.8888888889]
... 1.222222222 ]
... 0           ]]
Ans▸Frac
[[1 0 11/9 5/3 ...
 [0 1 4/9  -2/3...
 [0 0 0     0  ...
```

```
... -.8888888889]
... 1.222222222 ]
... 0           ]]
Ans▸Frac
...1/9 5/3   -8/9]
.../9   -2/3 11/9]
...     0    0   ]]
```

Das LGS hat unendlich viele Lösungen, denn aus der ersten und zweiten Zeile ergibt sich, dass zwei der Variablen frei gewählt werden können. Folglich sind die Ebenen identisch.

Untersuchen Sie jeweils die gegenseitige Lage dreier Ebenen.

AFB II

M1

a) $E_1: 2x_1 + 4x_2 + x_3 = 7$, $E_2: -3x_1 + 6x_2 - 2x_3 = 11$, $E_3: 4x_1 - x_2 + 3x_3 = 1$

b) $E_1: 3x_1 - 3x_2 - 3x_3 = 0$, $E_2: -2x_1 + 4x_2 + 3x_3 = 4$, $E_3: 5x_1 - 3x_2 - 4x_3 = 4$

c) $E_1: 3x_1 - 4x_2 + x_3 = 4$, $E_2: 5x_1 - 12x_2 + 7x_3 = -5$, $E_3: x_1 - 3x_2 + 2x_3 = 1$

Lösung zu a)

Geeignet für die Untersuchung von 3 Ebenen ist die Koordinatenform, da sich das LGS unmittelbar durch die Anordnung der Gleichungen untereinander ergibt. Hat das LGS eine Lösung, dann schneiden sich die Ebenen in einem Punkt; bei unendlich vielen Lösungen liegt eine gemeinsame Schnittgerade vor, wenn zwei der Variablen von einer dritten abhängen. Ist dies nicht der Fall, sind die Ebenen identisch. Liegt keine Lösung vor, dann haben jeweils zwei der drei Ebenen eine gemeinsame Schnittgerade. In diesem Fall ergibt sich das folgende LGS:

$$\begin{aligned} 2x_1 + 4x_2 + x_3 &= 7 \\ -3x_1 + 6x_2 - 2x_3 &= 11 \\ 4x_1 - x_2 + 3x_3 &= 1 \end{aligned}$$

Das LGS hat genau eine Lösung mit: $x_1 = -3, x_2 = 2, x_3 = 5$. Die Ebenen schneiden sich also in einem Punkt $SP(-3|2|5)$.

Lösung zu b)

In diesem Fall ergibt sich das folgende LGS:

$$\begin{aligned} 2x_1 + 4x_2 + x_3 &= 7 \\ -3x_1 + 6x_2 - 2x_3 &= 11 \\ 4x_1 - x_2 + 3x_3 &= 1 \end{aligned}$$

Das LGS hat unendlich viele Lösungen mit $x_1 = t - 3, x_2 = 2 - t, x_3 = 2t$ und in Abhängigkeit einer Variablen (t). Die Ebenen schneiden sich also in einer Geraden, deren Gleichung sich unmittelbar aus den x-Komponenten der Lösung bilden lässt: $g: x = \begin{pmatrix} 2 \\ 2 \\ 0 \end{pmatrix} + t \cdot \begin{pmatrix} 1 \\ -1 \\ 2 \end{pmatrix}$

Lösung zu c)

Das LGS hat keine Lösung, es gibt je eine Schnittgerade zweier Ebenen.

10

AFB II

Berechnen Sie jeweils den Schnittwinkel zwischen der Geraden *g* und der Ebene *E*.

M1

a) $g:\vec{x}=\begin{pmatrix}3\\6\\-5\end{pmatrix}+t\cdot\begin{pmatrix}-1\\4\\3\end{pmatrix},\quad E:\left[\vec{x}-\begin{pmatrix}2\\9\\3\end{pmatrix}\right]\cdot\begin{pmatrix}2\\-2\\3\end{pmatrix}$

b) $g:\vec{x}=\begin{pmatrix}2\\-3\\4\end{pmatrix}+t\cdot\begin{pmatrix}6\\2\\4\end{pmatrix},\quad E:\left[\vec{x}-\begin{pmatrix}1\\0\\-5\end{pmatrix}\right]\cdot\begin{pmatrix}3\\5\\-1\end{pmatrix}$

c) $g:\vec{x}=\begin{pmatrix}2\\5\\8\end{pmatrix}+t\cdot\begin{pmatrix}3\\4\\3\end{pmatrix},\quad E:x_1+5x_2-6x_3=4$

Lösung zu a)

Schneiden sich eine Gerade $g:\vec{x}=\vec{p}+t\cdot\vec{r}$ und eine Ebene $E:[\vec{x}-\vec{a}]\cdot\vec{n}$, dann gilt für den Schnittwinkel α, der von dem Richtungsvektor der Geraden und dem Normalenvektor der Ebene eingeschlossen wird, der Zusammenhang $\cos\alpha=\dfrac{|\vec{r}\cdot\vec{n}|}{|\vec{r}|\cdot|\vec{n}|}$

In diesem Fall berechnet man den Schnittwinkel

$$\cos\alpha=\frac{|(-1)\cdot 2+4\cdot(-2)+3\cdot 3|}{\sqrt{1+16+9}\cdot\sqrt{4+4+9}}=\frac{1}{\sqrt{26}\cdot\sqrt{17}}\approx 0{,}047565\Rightarrow\alpha\approx 87{,}27°.$$

Lösung zu b)

In diesem Fall berechnet man den Schnittwinkel

$$\cos\alpha=\frac{|6\cdot 3+2\cdot 5+4\cdot(-1)|}{\sqrt{36+4+16}\cdot\sqrt{9+25+1}}=\frac{24}{\sqrt{56}\cdot\sqrt{35}}\approx 0{,}542104\Rightarrow\alpha\approx 1°.$$

Lösung zu c)

In diesem Fall berechnet man den Schnittwinkel

$$\cos\alpha=\frac{|3\cdot 1+4\cdot 5+3\cdot(-6)|}{\sqrt{9+16+9}\cdot\sqrt{1+25+36}}=\frac{5}{\sqrt{34}\cdot\sqrt{62}}\approx 0{,}108902\Rightarrow\alpha\approx 83{,}75°.$$

Auch der aus der Koordinatenform unmittelbar aus den Koeffizienten der *x*-Komponenten ablesbare Normalenvektor kann verwendet werden.

11

Berechnen Sie jeweils den Abstand des Punktes *P* von der Geraden *g*.

AFB II

M1

a) $P(-2|2|1)$, $g: \vec{x} = \begin{pmatrix} 1 \\ 3 \\ -1 \end{pmatrix} + t \cdot \begin{pmatrix} 0 \\ 2 \\ 1 \end{pmatrix}$

b) $P(3|5|2)$, $g: \vec{x} = \begin{pmatrix} -2 \\ -3 \\ 4 \end{pmatrix} + t \cdot \begin{pmatrix} 1 \\ -1 \\ 3 \end{pmatrix}$

c) $P(3|2|-1)$, $g: \vec{x} = \begin{pmatrix} 1 \\ 2 \\ 3 \end{pmatrix} + t \cdot \begin{pmatrix} 2 \\ 4 \\ 2 \end{pmatrix}$

Lösung zu a)

Der Abstand eines Punktes P von einer Geraden g ist definiert als der Betrag des Vektors $\overrightarrow{PF}$, wobei F der Fußpunkt des Lotes auf g ist.

Ermittelt wird zunächst eine Hilfsebene E, auf der P liegt und die orthogonal zu g ist. Ein Normalenvektor von E ist dann der Richtungsvektor von g. Aus diesem lässt sich unmittelbar der Ansatz der Koordinatenform von E bestimmen:

$$E: 2x_2 + x_3 = b$$

Die Zahl b wird ermittelt, indem man die Koordinaten von P in die Ebenengleichung einsetzt, man erhält $b = 5$. Die Ebenengleichung lautet:

$$E: 2x_2 + x_3 = 5$$

Jetzt kann man den Fußpunkt F bestimmen, der identisch mit dem Durchstoßpunkt der Geraden g durch die Hilfsebene E ist. Im Sinne einer Gleichsetzung von E mit g werden die x-Komponenten von g in E eingesetzt und man erhält einen Wert für t:

$$2 \cdot (3 + 2t) + (-1 + t) = 5 \quad \Rightarrow \quad t = 0$$

In die Geradengleichung wird t eingesetzt, man erhält den Fußpunkt $F(1|3|-1)$. Jetzt erfolgt die eigentliche Abstandsberechnung, indem der Betrag des Vektors $\overrightarrow{PF} = \begin{pmatrix} 3 \\ 1 \\ -2 \end{pmatrix}$ ermittelt wird zu

$$\left|\overrightarrow{PF}\right| = \sqrt{3^2 + 1^2 + (-2)^2} = \sqrt{14} \approx 3{,}74\ LE$$

Lösung zu b): Entsprechend ergibt sich für $\left|\overrightarrow{PF}\right| = \sqrt{\frac{952}{11}} \approx 9{,}30\ LE$

Lösung zu c): Entsprechend ergibt sich für $\left|\overrightarrow{PF}\right| = \sqrt{\frac{174}{9}} \approx 4{,}40\ LE$

12

AFB II

Geben Sie jeweils die Ebene in Hessescher Normalenform an und bestimmen Sie den Abstand der Punkte *R*, *S* und *T* von der Ebene *E*.

M1

a) $E: 3x_1 + 6x_2 - 2x_3 = 4,\quad R(4|-1|2), S(-4|6|4), T(6|1|10)$

b) $E: \left[x - \begin{pmatrix} 9 \\ 0 \\ -3 \end{pmatrix}\right] \cdot \begin{pmatrix} 4 \\ 4 \\ -2 \end{pmatrix} = 0,\quad R(4|-1|2), S(-4|6|4), T(6|1|10)$

c) $E: 3x_1 + 4x_2 - 12x_3 = 6,\quad R(1|2|5), S(-2|4|1), T(6|3|2)$

Lösung zu a)

Mithilfe der Hesseschen Normalenform gelingt die Berechnung des Abstands eines Punktes P von einer Ebene E auf direktem Wege.

■ Ausgehend von der Normalenform einer Ebene lautet die Hessesche Normalenform $E: (\vec{x} - \vec{q}) \cdot \frac{1}{|\vec{n}|}\vec{n} = 0$. Der Abstand d eines Punktes $P(p_1 \mid p_2 \mid p_3)$ von der Ebene E ergibt sich daraus: $d(P,E) = (\vec{p} - \vec{q}) \cdot \frac{1}{|\vec{n}|}\vec{n}$, wobei $\vec{p}$ der Ortsvektor von P ist.

■ Ist die Ebene in Koordinatenform $a_1x_1 + a_2x_2 + a_3x_3 = b$ gegeben, dann lautet die Hessesche Normalenform

$$\frac{1}{|\vec{n}|}(\vec{n} \cdot \vec{x} - b) = \frac{a_1x_1 + a_2x_2 + a_3x_3 - b}{\sqrt{a_1^2 + a_2^2 + a_3^2}} = 0$$

Für diese Form ergibt sich der Abstand d eines Punktes $P(p_1 \mid p_2 \mid p_3)$ von der Ebene E durch $d(P,E) = \left|\frac{a_1p_1 + a_2p_2 + a_3p_3 - b}{\sqrt{a_1^2 + a_2^2 + a_3^2}}\right|$

Die Hessesche Normalenform dieser Teilaufgabe lautet demnach

$$\frac{1}{|\vec{n}|}(\vec{n} \cdot \vec{x} - b) = \frac{3x_1 + 6x_2 - 2x_3 - 4}{\sqrt{9 + 36 + 4}} = \frac{3x_1 + 6x_2 - 2x_3 - 4}{7} = 0$$

Fortsetzung: Geben Sie jeweils die Ebene in Hessescher Normalenform an und bestimmen Sie den Abstand der Punkte *R*, *S* und *T* von der Ebene *E*.

AFB II

Der Abstand *d* des Punktes *R* von der Ebene ergibt sich zu

$$d(R,E)=\left|\frac{3\cdot 4+6\cdot(-1)-2\cdot 2-4}{\sqrt{9+36+4}}\right|=\frac{2}{7}\,LE$$

Entsprechend ermittelt man die Abstände der Punkte *S* und *T* zu

$$d(S,E)=\frac{12}{7}\,LE \quad \text{und} \quad d(T,E)=0\,LE$$

Lösung zu b)

Gemäß den Ausführungen der vorherigen Teilaufgabe lautet die Hessesche Normalenform hier

$$E:\left(\vec{x}-\begin{pmatrix}9\\0\\-3\end{pmatrix}\right)\cdot\frac{1}{6}\begin{pmatrix}4\\4\\-2\end{pmatrix}=0$$

Der Abstand *d* des Punktes *R* von der Ebene ergibt sich zu

$$d(R,E)=(\vec{r}-\vec{q})\cdot\frac{1}{|\vec{n}|}\vec{n}=\left(\begin{pmatrix}2\\2\\3\end{pmatrix}-\begin{pmatrix}9\\0\\-3\end{pmatrix}\right)\cdot\frac{1}{6}\begin{pmatrix}4\\4\\-2\end{pmatrix}=\begin{pmatrix}-7\\2\\6\end{pmatrix}\cdot\frac{1}{6}\begin{pmatrix}4\\4\\-2\end{pmatrix}$$

$$=\frac{|-28+8-12|}{6}=\frac{16}{3}\,LE$$

Entsprechend ermittelt man die Abstände der Punkte *S* und *T* zu

$$d(S,E)=5\,LE \quad \text{und} \quad d(T,E)=\frac{1}{3}\,LE$$

Lösung zu c)

Analog der Berechnung zu der Lösung zu a) lauten die Ergebnisse:

$$\frac{1}{|\vec{n}|}(\vec{n}\cdot\vec{x}-b)=\frac{3x_1+4x_2-12x_3-6}{13}=0$$

Die Abstände der Punkte *R*, *S* und *T* lauten:

$$d(R,E)=\frac{55}{13}\,LE,\; d(S,E)=\frac{8}{13}\,LE \text{ und } d(T,E)=0\,LE$$

13

AFB II

Bestimmen Sie jeweils die gegenseitige Lage der Geraden *g* und des Kreises *k*.

M1

a) $g: x = \begin{pmatrix} \frac{1}{2} \\ 2 \end{pmatrix} + t \cdot \begin{pmatrix} 2 \\ 5 \end{pmatrix}$, Kreis um $M\left(\frac{5}{2} \mid 2\right)$ mit dem Radius $r = \frac{3}{2}$

b) $g: x = \begin{pmatrix} 5 \\ 2 \end{pmatrix} + t \cdot \begin{pmatrix} 2 \\ 1 \end{pmatrix}$, $k: \left[x - \begin{pmatrix} 6 \\ 5 \end{pmatrix}\right]^2 = 25$

c) $g: x = \begin{pmatrix} 5 \\ 2 \end{pmatrix} + t \cdot \begin{pmatrix} 2 \\ 1 \end{pmatrix}$, $k: (x+5)^2 + (y-5)^2 = 25$

Lösung zu a)

Die Kreisgleichung lautet $\left(x - \frac{5}{2}\right)^2 + (y-2)^2 = \frac{9}{4}$. Zur Bestimmung der Lagebeziehung werden die Koordinaten der Geraden in die Kreisgleichung eingesetzt: $\left(\left(\frac{1}{2} + 2t\right) - \frac{5}{2}\right)^2 + \left((2+5t) - 2\right)^2 = \frac{9}{4}$. Ausrechnen und Umstellen ergibt eine quadratische Gleichung für die Variable *t*: $29t^2 - 8t + \frac{7}{4} = 0$. Diese hat keine Lösung für $t \in \mathbb{R}$, folglich gibt es keinen gemeinsamen Schnittpunkt und *g* ist Passante von *k*.

Lösung zu b)

Entsprechend dem Vorgehen der vorherigen Teilaufgabe werden die Koordinaten von *g* in die Kreisgleichung eingesetzt, was zu einer quadratischen Gleichung führt: $\begin{pmatrix} 5+2t-6 \\ 2+t-5 \end{pmatrix}^2 = \begin{pmatrix} 2t-1 \\ t-3 \end{pmatrix} = 25$. Daraus folgt $5t^2 - 10t - 15 = 0$

mit den Lösungen $t_1 = -1$ und $t_2 = 3$. Die Gerade durchstößt den Kreis in den Punkten $P_1(3 \mid 1)$ und $P_2(11 \mid 5)$.

Lösung zu c)

In diesem Fall hat die quadratische Gleichung $t^2 + 2t + 1 = 0$ mit $t_1 = -1$ nur eine Lösung, die Gerade berührt den Kreis im Punkt $P_1(-2 \mid 1)$.

Untersuchen Sie die gegenseitige Lage der Ebene mit der Kugel und bestimmen Sie gegebenenfalls den Radius des Schnittkreises. Fertigen Sie eine Skizze an.

AFB II

M1

$E: \left[x - \begin{pmatrix} 4 \\ 1 \\ 3 \end{pmatrix}\right] \cdot \begin{pmatrix} 1 \\ 2 \\ -1 \end{pmatrix} = 0$, Kugel um $M(2|1|-5)$ mit dem Radius $r = 3$

Mithilfe der Abstandsberechnung (vgl. Aufgabe 12) über die Hessesche Normalenform ermittelt man den Abstand des Mittelpunktes M von der Ebene:

$$d(M,E) = (\vec{m} - \vec{q}) \cdot \frac{1}{|\vec{n}|} \vec{n} = \left(\begin{pmatrix} 2 \\ 1 \\ -5 \end{pmatrix} - \begin{pmatrix} 4 \\ 1 \\ 3 \end{pmatrix}\right) \cdot \frac{1}{\sqrt{6}} \begin{pmatrix} 1 \\ 2 \\ -1 \end{pmatrix} = \begin{pmatrix} -2 \\ 0 \\ -8 \end{pmatrix} \cdot \frac{1}{\sqrt{6}} \begin{pmatrix} 1 \\ 2 \\ -1 \end{pmatrix}$$

$$= \frac{|-2+8|}{\sqrt{6}} = \frac{6}{\sqrt{6}} \approx 2{,}45\ LE$$

Dieser Abstand ist kleiner als der Radius, folglich schneidet die Ebene die Kugel in einem Schnittkreis.

Skizze:

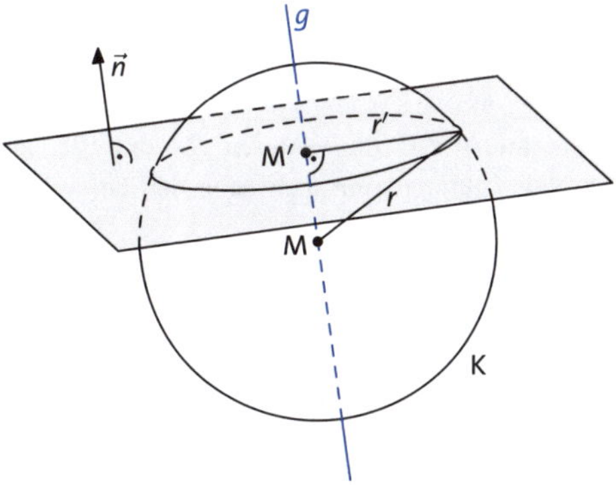

Aus der Skizze und dem Satz des Pythagoras ergibt sich für den Radius r' des Schnittkreises der Zusammenhang $r' = \sqrt{r^2 - (d(m,E))^2}$ mit dem Ergebnis $r' = \sqrt{9-6} = \sqrt{3} \approx 1{,}73\ LE$.

15

AFB II

Ermitteln Sie die geforderten Größen an einem Satteldach mit Dachgaube, dessen Raumkoordinaten gegeben sind.

M1

a) Geben Sie die Ebenengleichung der Dachebene *ABEF* in Parameterform an.
b) Berechnen Sie die Innenwinkel des Dachfensters *GHS*.
c) Berechnen Sie den Rauminhalt der Dachgaube *GHIS*.

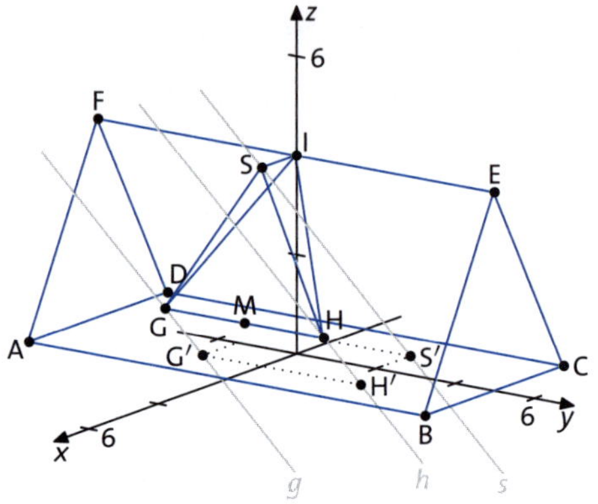

Die Koordinaten folgender Punkte sind gegeben: *A*(2|–5|0), *B*(2|5|0), *C*(–2|5|0), *E*(0|5|4), *G*(1,5|–2|1), *H*(1,5|2), *I*(0|0|4) und *S*(1,5|0|4); 1 Einheit entspricht 1 Meter. Die Dachgaube ist durch die Punkte *GHIS* festgelegt.

Lösung zu a)

Mit den gegebenen Punkten kommen z. B. die Vektoren $\overrightarrow{BA}$ und $\overrightarrow{BE}$ als Spannvektoren infrage. Als Stützvektor nimmt man dann den Ortsvektor zum Punkt *B*. Die Spannvektoren lauten

$$\overrightarrow{BA} = \begin{pmatrix} 2 \\ -5 \\ 0 \end{pmatrix} - \begin{pmatrix} 2 \\ 5 \\ 0 \end{pmatrix} = \begin{pmatrix} 0 \\ 10 \\ 0 \end{pmatrix} \text{ und } \overrightarrow{BE} = \begin{pmatrix} 0 \\ 5 \\ 4 \end{pmatrix} - \begin{pmatrix} 2 \\ 5 \\ 0 \end{pmatrix} = \begin{pmatrix} -2 \\ 0 \\ 4 \end{pmatrix}$$

Beiden Vektoren sieht man die lineare Unabhängigkeit an, da von den jeweiligen Koordinaten immer eine null ist. Die Parametergleichung lautet

$$E_{ABEF}: \vec{x} = \begin{pmatrix} 2 \\ 5 \\ 0 \end{pmatrix} + r \cdot \begin{pmatrix} 0 \\ 10 \\ 0 \end{pmatrix} + s \cdot \begin{pmatrix} -2 \\ 0 \\ 4 \end{pmatrix}$$

Fortsetzung: Ermitteln Sie die geforderten Größen an einem Satteldach mit Dachgaube, dessen Raumkoordinaten gegeben sind.

AFB II

Lösung zu b)

Da der Punkt S in der x-z-Ebene liegt und die beiden Punkte G und H Spiegelpunkte bezüglich dieser Ebene sind (die beiden Punkte unterscheiden sich nur im Vorzeichen der y-Komponente), handelt es sich bei dem Dreieck GHS um ein gleichschenkeliges Dreieck. Die Winkel bei G und H sind gleich, er sei hier α genannt. Der Winkel bei S sei β. Mit

$\overrightarrow{GH}=\begin{pmatrix}0\\4\\0\end{pmatrix}$ und $\overrightarrow{GS}=\begin{pmatrix}-0,5\\2\\3\end{pmatrix}$ ergibt sich

$$\cos\alpha=\frac{\overrightarrow{GH}\cdot\overrightarrow{GS}}{\left|\overrightarrow{GH}\right|\cdot\left|\overrightarrow{GS}\right|}=\frac{0+4\cdot 2+0}{\sqrt{0+16+0}\cdot\sqrt{0,25+4+9}}=\frac{2}{\sqrt{13,25}}\approx 0,55$$

Daraus ermittelt man für den Winkel $\alpha\approx 56,67°$. Für den Winkel β berechnet man damit $\beta=180°-2\cdot 56,67°\approx 66,66°$.

Lösung zu c)

Die Dachgaube kann als Pyramide mit der Grundfläche GHS und der Höhe SI angesehen werden, wenn auch das Erscheinungsbild mit der Höhe auf einem Eckpunkt der Grundfläche ungewöhnlich ist. Für das Volumen gilt $V_G=\frac{1}{3}\cdot \mathit{Grundfläche}\cdot \mathit{Höhe}$. Die Höhe ist der Betrag des Vektors SI mit $\left|\overrightarrow{SI}\right|=\sqrt{(-1)^2+0+0}=1\,\text{m}$.

Für die Grundfläche gilt $A_{GHS}=\frac{1}{2}\cdot\left|\overrightarrow{GH}\right|\cdot\left|\overrightarrow{M_{GH}S}\right|$ mit

$\left|\overrightarrow{GH}\right|=\sqrt{0+4^2+0}=4\,\text{m}$. Den Vektor $\overrightarrow{M_{GH}S}$ erhält man durch die Vektoraddition $\overrightarrow{M_{GH}S}=\overrightarrow{OS}-\left(\overrightarrow{OG}+\frac{1}{2}\overrightarrow{GH}\right)=\begin{pmatrix}1,5\\0\\4\end{pmatrix}-\begin{pmatrix}1,5\\0\\1\end{pmatrix}=\begin{pmatrix}0\\0\\3\end{pmatrix}$

Sein Betrag ist $\left|\overrightarrow{M_{GH}S}\right|=\sqrt{0+0+3^2}=3\,\text{m}$. Damit errechnet man das Volumen zu $V_G=\frac{1}{3}\cdot\left(\frac{1}{2}\cdot 4\text{m}\cdot 3\text{m}\right)\cdot 1\text{m}=2\text{m}^3$.

16

Interpretieren Sie für die gegebene Gerade g und die Geradenschar h_k die folgende Abstandsuntersuchung.

AFB III

M1

a) **Bestimmen Sie** für $k = 2$ einen Punkt A der Geraden g und einen Punkt der Geraden h_2 so, dass die Gerade durch die Punkte A und B auf den Geraden g und h_2 senkrecht steht. Die Funktion f gebe den Abstand an, den ein beliebiger Punkt der Geraden h_2 vom Punkt $T(4|4|-2)$ besitzt.

b) **Bestimmen Sie** das Minimum der Funktion f und **interpretieren Sie** das Ergebnis.

$$g:\vec{x}=\begin{pmatrix}-2\\2\\5\end{pmatrix}+v\begin{pmatrix}6\\2\\3\end{pmatrix},\quad h_k:\vec{x}=\begin{pmatrix}-1\\-1\\2\end{pmatrix}+w\begin{pmatrix}3\\2\\k\end{pmatrix}$$

Alle Punkte auf g sind gegeben durch $\vec{p}_g=\begin{pmatrix}-2+6v\\2+2v\\-5+3v\end{pmatrix}$, alle Punkte auf h_2 durch $\vec{p}_{h_2}=\begin{pmatrix}-1+3w\\-1+2w\\2+2w\end{pmatrix}$. Aus der Bedingung, dass der Verbindungsvektor $\vec{c}=\vec{p}_g-\vec{p}_{h_2}$ auf g und h_2 senkrecht stehen muss, folgt der Zusammenhang $\vec{c}\cdot\begin{pmatrix}6\\2\\3\end{pmatrix}=0$ *und* $\vec{c}\cdot\begin{pmatrix}3\\2\\2\end{pmatrix}=0$. Daraus ergibt sich das folgende LGS

$$\begin{aligned}49v-28w&=21\\28v-17w&=11\end{aligned}$$ mit der Lösung $v=w=1$.

Die gesuchten Punkte lauten damit $A(4|4|-2)$ und $B(2|1|4)$.

Für den Abstand eines Punktes $(-1+3w|-1+2w|2+2w)$ auf h_2 von T gilt:

$$f(w)=\sqrt{(3w-5)^2+(2w-5)^2+(2w+4)^2}=\sqrt{17w^2-34w+66}$$

Die Ableitung von f hat eine Nullstelle bei $34w-34=0\Rightarrow w=1$. (s. o.)

Interpretation: Die kleinste Strecke bzw. der kürzeste Abstand zwischen zwei windschiefen Geraden, auch **Gemeinlot** oder **Minimaltransversale** genannt, kann auf die zuletzt gezeigte Weise ermittelt werden, wobei diese kleinste Strecke auch die einzige ist, die auf beiden windschiefen Geraden senkrecht steht, wie im ersten Aufgabenteil gezeigt wurde.

Ermitteln Sie die geforderten Größen, die durch Sonneneinstrahlung in die Dachgaube aus Aufgabe 15 entstehen.

AFB III

M1

Die Sonneneinstrahlung hat die Richtung $\vec{s}=\begin{pmatrix}-1\\1\\-2\end{pmatrix}$

Ermitteln Sie die Koordinaten der Eckpunkte der auf dem Dachboden beschienenen Fläche sowie deren Flächeninhalt.

1. Koordinaten

Zu berechnen sind die Schnittpunkte der Geraden durch S, G und H mit der x-y-Ebene $(z=0)$, die den Dachboden repräsentiert. Der Richtungsvektor der Geraden ist jeweils $\vec{s}$, der Stützvektor der jeweilige Ortsvektor zu S, G und H.

Die Geradengleichung der Geraden durch S lautet $s:\vec{x}=\begin{pmatrix}1,5\\0\\4\end{pmatrix}+t\cdot\begin{pmatrix}-1\\1\\-2\end{pmatrix}$

Da $z=0$ gelten muss, lautet die zu lösende Gleichung der entsprechenden Komponente von s: $4-2t=0$. Die Lösung ist $t=2$. Damit berechnet man den Schnittpunkt $S'(-0,5\,|\,2\,|\,0)$.
Für die Gerade durch G wird analog zu der Geraden durch S verfahren, es ergibt sich die Gleichung $1-2t=0$ und die Lösung $t=0,5$. Der Schnittpunkt lautet $G'(1\,|\,-1,5\,|\,0)$. Für die Gerade durch H erhält man den Schnittpunkt $H'(1\,|\,2,5\,|\,0)$.

2. Flächeninhalt

Die für die Flächenermittlung nötigen Größen können auch durch eine Betrachtung der Koordinaten der Schnittpunkte erfolgen. Man nimmt $\overline{GH}$ als Grundseite, da G und H dieselben x-Koordinaten haben. Die Länge von $\overline{GH}$ beträgt 4 m, sie wird aus den y-Koordinaten ermittelt. Die Höhe des Dreiecks, von $\overline{GH}$ aus zu S, beträgt 1,5 m, ermittelt aus den x-Koordinaten. Die Fläche berechnet sich damit zu $A_{S'G'H'}=\frac{1}{2}\cdot 4\text{m}\cdot 1,5\text{m}=3\text{m}^2$.

18

Untersuchen Sie die gegenseitige Lage der Geraden g und der Geradenschar h_k aus Aufgabe 16 und führen Sie die folgende Abstandsberechnung durch.

AFB III

M1

a) **Untersuchen Sie** die gegenseitige Lage von g und h_k in Abhängigkeit von k.

b) Diejenige Gerade der Schar h_k, die die Gerade g schneidet, spannt mit dieser eine Ebene E auf. **Bestimmen Sie** die Ebenengleichung und den Abstand der Ebene E zum Ursprung.

Lösung zu a)

Die Geradengleichungen werden gleichgesetzt, es ergibt sich folgendes LGS:

$$\begin{aligned} -2+6v &= -1+3w \\ 2+2v &= -1+2w \\ -5+3v &= 2+kw \end{aligned}$$

Aus den ersten beiden Gleichungen folgen die Lösungen $v=\frac{11}{6}$ und $w=\frac{10}{3}$. Diese Werte werden in die dritte Gleichung eingesetzt und diese dann nach k umgestellt, mit dem Ergebnis $k=-\frac{9}{20}$. Nur für dieses k schneiden sich die Gerade und die Geradenschar. Den Ortsvektor des Schnittpunkts bestimmt man mit g und v zu:

$$\begin{pmatrix} -2 \\ 2 \\ -5 \end{pmatrix} + \frac{11}{6}\begin{pmatrix} 6 \\ 2 \\ 3 \end{pmatrix} = \begin{pmatrix} 9 \\ \frac{17}{3} \\ \frac{1}{2} \end{pmatrix}, \text{ mit } S\left(9 \mid \frac{17}{3} \mid \frac{1}{2}\right)$$

Für $k \neq -\frac{9}{20}$ hat das LGS keine Lösung, folglich wären g und h_k zueinander windschief.

Fortsetzung: Untersuchen Sie die gegenseitige Lage der Geraden g und der Geradenschar h_k und führen Sie die folgende Abstandsberechnung durch.

AFB III

Lösung zu b)

Es ist zu empfehlen, bei der Abstandsberechnung den Weg über die Hessesche Normalenform zu wählen. Als Stützvektor bietet sich der Ortsvektor des Schnittpunktes an. Den Normalenvektor ermittelt man aus den folgenden Zusammenhängen:

$$\begin{pmatrix}6\\2\\3\end{pmatrix}\cdot\begin{pmatrix}n_1\\n_2\\n_3\end{pmatrix}=0 \quad\text{und}\quad \begin{pmatrix}3\\2\\-\frac{9}{20}\end{pmatrix}\cdot\begin{pmatrix}n_1\\n_2\\n_3\end{pmatrix}=0 \;\Rightarrow\; \begin{matrix}6n_1+2n_2+3n_3=0\\ 3n_1+2n_2-\frac{9}{20}n_3=0\end{matrix}$$

Die Lösung des LGS ist $n_1=-\frac{23n_3}{20}$ und $n_2=\frac{39n_3}{20}$, n_3 ist frei wählbar, um die Brüche zu eliminieren, nimmt man $n_3=20$. Man erhält den Normalenvektor $\vec{n}=\begin{pmatrix}-23\\39\\20\end{pmatrix}$. Sein Betrag ist: $|\vec{n}|=35\sqrt{2}$.

Damit lautet die Ebenengleichung in Hessescher Normalenform:

$$E:\left(\vec{x}-\begin{pmatrix}9\\\frac{17}{3}\\\frac{1}{2}\end{pmatrix}\right)\cdot\frac{1}{35\sqrt{2}}\begin{pmatrix}-23\\39\\20\end{pmatrix}=0$$

Der Abstand zum Ursprung ergibt sich zu

$$d(O,E)=(\vec{o}-\vec{q})\cdot\frac{1}{|\vec{n}|}\vec{n}=\left(\begin{pmatrix}0\\0\\0\end{pmatrix}-\begin{pmatrix}9\\\frac{17}{3}\\\frac{1}{2}\end{pmatrix}\right)\cdot\frac{1}{35\sqrt{2}}\begin{pmatrix}-23\\39\\20\end{pmatrix}=\begin{pmatrix}-9\\-\frac{17}{3}\\-\frac{1}{2}\end{pmatrix}\cdot\frac{1}{35\sqrt{2}}\begin{pmatrix}-23\\39\\20\end{pmatrix}$$

$$=\frac{|207-211-20|}{35\sqrt{2}}=\frac{24}{35\sqrt{2}}LE\approx 0{,}48\,LE.$$

KAPITEL 10

Stochastik – Zufallsexperimente und Wahrscheinlichkeiten

Alle Fragen im Überblick

AFB I

1 **Erstellen Sie** eine komplette Vierfeldertafel für folgenden Fall und **bestimmen Sie** die geforderte Wahrscheinlichkeit.

2 **Berechnen Sie** die Wahrscheinlichkeit mithilfe des Baumdiagramms, zufällig eine einwandfreie Birne zu ziehen, wenn 5 % der Lieferung Ausschuss ist und von den brauchbaren Birnen 20 % eine Druckstelle aufweisen.

AFB II

3 **Zeichnen Sie** ein Baumdiagramm für folgenden Fall und **bestimmen Sie** die geforderten Wahrscheinlichkeiten.

4 **Berechnen Sie** die geforderten Wahrscheinlichkeiten für den folgenden Fall einer geordneten Stichprobe mit Zurücklegen.

5 **Berechnen Sie** die geforderten Wahrscheinlichkeiten für den folgenden Fall einer geordneten Stichprobe ohne Zurücklegen.

6 **Berechnen Sie** die geforderten Wahrscheinlichkeiten für den folgenden Fall einer ungeordneten Stichprobe ohne Zurücklegen.

7 **Berechnen Sie** die geforderten Möglichkeiten für den folgenden Fall einer ungeordneten Stichprobe mit Zurücklegen.

8 **Zeichnen Sie** ein Baumdiagramm für folgenden Fall und **bestimmen Sie** die geforderten bedingten Wahrscheinlichkeiten.

9 **Erstellen Sie** eine Vierfeldertafel für folgenden Fall und **bestimmen Sie** den geforderten Prozentsatz mithilfe der bedingten Wahrscheinlichkeit. **Prüfen Sie** die beiden Ereignisse auf Unabhängigkeit.

AFB III

10 **Führen Sie** mithilfe der bedingten Wahrscheinlichkeit die folgende Prüfung **durch:** Prüfen Sie, ob der Kontrolltest eine Auslieferung von fehlerfreien Bauteilen mit einer Wahrscheinlichkeit von 99 % sicherstellt.

1

Erstellen Sie eine komplette Vierfeldertafel für folgenden Fall und bestimmen Sie die geforderte Wahrscheinlichkeit.

AFB I

M1

Beim Einschalten einer Anlage fällt das Bauteil A mit einer Wahrscheinlichkeit von 0,081 und das Bauteil B mit einer Wahrscheinlichkeit von 0,11 aus. Die Wahrscheinlichkeit, dass beide Bauteile ausfallen, beträgt 0,035.

a) Erstellen Sie eine komplette Vierfeldertafel.

b) Bestimmen Sie mithilfe der Vierfeldertafel die Wahrscheinlichkeit für den Ausfall von wenigstens einem Gerät.

Lösung zu a)

Das Ereignis „Ausfall des Bauteils" wird mit A bzw. B bezeichnet, das Ereignis „kein Ausfall des Bauteils" mit $\bar{A}$ bzw. $\bar{B}$. Gegeben sind die Wahrscheinlichkeiten $P(A)=0{,}081$, $P(B)=0{,}11$ und $P(A\cap B)=0{,}035$.

- Da $P(A)+P(\bar{A})=1$ bzw. $P(B)+P(\bar{B})=1$ gilt, können die Felder für $P(\bar{A})=0{,}919$ und $P(\bar{B})=0{,}89$ entsprechend ausgefüllt werden.
- Die Wahrscheinlichkeit, dass Bauteil A ausfällt und B nicht ausfällt, beträgt $P(A\cap\bar{B})=0{,}081-0{,}035=0{,}046$.
- Die Wahrscheinlichkeit, dass Bauteil A nicht ausfällt und B ausfällt, beträgt $P(\bar{A}\cap B)=0{,}11-0{,}035=0{,}075$.
- Die Wahrscheinlichkeit, dass beide Bauteile nicht ausfallen, beträgt $P(\bar{A}\cap\bar{B})=0{,}919-0{,}075=0{,}844$.

Vierfeldertafel

	B	$\bar{B}$	
A	0,035	0,081−0,035 = 0,046	0,081
$\bar{A}$	0,11−0,035 = 0,075	0,919−0,075 = 0,844	1−0,081 = 0,919
	0,11	1−0,11 = 0,89	

Lösung zu b)

Die Wahrscheinlichkeit wird bestimmt zu

$P(A\cup B)=P(A)+P(B)-P(A\cap B)=0{,}081+0{,}11-0{,}035=0{,}156$.

Die Wahrscheinlichkeit für den Ausfall wenigstens eines Gerätes beträgt 0,156 bzw. 15,6 %.

2

AFB I

Berechnen Sie die Wahrscheinlichkeit mithilfe des Baumdiagramms, zufällig eine einwandfreie Birne zu ziehen, wenn 5 % der Lieferung Ausschuss ist und von den brauchbaren Birnen 20 % eine Druckstelle aufweisen.

A: Ausschuss, D: Druckstelle

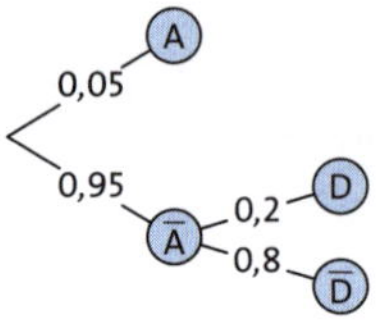

Die Wahrscheinlichkeit, eine einwandfreie Birne zu ziehen, beträgt $P(A \cap D) = 0,95 \cdot 0,8 = 0,76 = 76\%$.

3

AFB II

Zeichnen Sie ein Baumdiagramm für folgenden Fall und bestimmen Sie die geforderten Wahrscheinlichkeiten.

M1

Ein Produkt wird in einem vierstufigen Prozess hergestellt. Auf der ersten Stufe erhalten 15 % der Produkte einen Fehler, auf der zweiten Stufe 10 %, auf der dritten Stufe 20 % und auf der vierten Stufe 5 %.

a) Zeichnen Sie ein Baumdiagramm.

b) Berechnen Sie die Wahrscheinlichkeit, dass ein Produkt keinen Fehler aufweist.

c) Berechnen Sie die Wahrscheinlichkeit, dass ein Produkt genau zwei Fehler aufweist, egal auf welcher Stufe.

d) Berechnen Sie die Wahrscheinlichkeit, dass ein Produkt zwei oder mehr Fehler aufweist.

Fortsetzung: Zeichnen Sie ein Baumdiagramm für folgenden Fall und bestimmen Sie die geforderten Wahrscheinlichkeiten.

AFB II

Lösung zu a)

Mit den Knoten F (= Fehler) und $\overline{F}$ (= kein Fehler) ergibt sich:

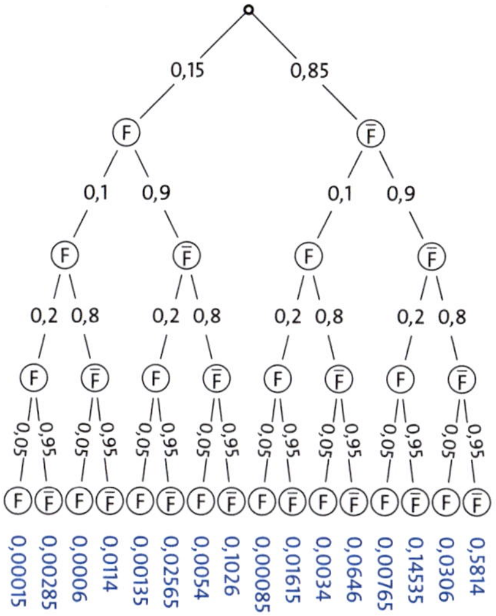

Lösung zu b)

$$P(\overline{FFFF}) = 0,85 \cdot 0,9 \cdot 0,8 \cdot 0,95 = 0,5814 = 58,1\%$$

Lösung zu c)

Es tragen alle Pfade bei, die zweimal den Knoten F enthalten:

$$P(\overline{F}\overline{F}FF + ...) = 0,0114 + 0,02565 + 0,0054 + 0,01615 + 0,0034 + 0,00765$$
$$= 0,06965 \approx 7\%$$

Lösung zu d)

Es tragen alle Pfade bei, die zweimal oder mehr den Knoten F enthalten:

$$P(\text{Anzahl}(F) \geq 2) = 1 - P(FFFF) - P(\text{Anzahl}(\overline{F}) = 3)$$
$$= 1 - 0,5814 - 0,34315 = 0,07545 \approx 7,5\%$$

4

AFB II

Berechnen Sie die geforderten Wahrscheinlichkeiten für den folgenden Fall einer geordneten Stichprobe mit Zurücklegen.

M1

Eine Bank erzeugt für ihre Kunden mithilfe eines Zufallsgenerators eine vierstellige PIN-Nummer, indem jede Ziffer zwischen 0 und 9 unabhängig von den anderen erzeugt wird.
Berechnen Sie die Wahrscheinlichkeiten für folgende Ereignisse:

a) Alle Ziffern sind gerade.

b) Es kommen nur die Ziffern 3 und 4 vor.

c) Die Zahl ist ein Palindrom, ergibt also von vorne und hinten gelesen die gleiche Zahl.

Lösung zu a)

Für jede der vier Stellen gibt es 10 mögliche Ziffern, insgesamt kann die PIN-Nummer auf $10^4 = 10000$ verschiedene Arten erzeugt werden.
Sind die Zahlen gerade, gibt es für jede Ziffer 5 Möglichkeiten (0, 2, 4, 6 oder 8).
Die Wahrscheinlichkeit, eine PIN-Nummer mit nur geraden Ziffern zu erzeugen, beträgt dann

$$P(a) = \frac{5^4}{10^4} = 0{,}0625 = 6{,}25\%$$

Lösung zu b)

Für jede Stelle gibt es 2 Möglichkeiten (3 oder 4), die gesuchte Wahrscheinlichkeit beträgt

$$P(b) = \frac{2^4}{10^4} = 0{,}0016 = 0{,}16\%$$

Lösung zu c)

Nur die ersten zwei Ziffern sind frei wählbar, die anderen sind dadurch festgelegt. Die Wahrscheinlichkeit für ein Palindrom beträgt demnach

$$P(c) = \frac{10^2}{10^4} = 0{,}01 = 1\%$$

Berechnen Sie die geforderten Wahrscheinlichkeiten für den folgenden Fall einer geordneten Stichprobe ohne Zurücklegen.

AFB II

M1

In einer Urne sind 5 schwarze und 3 weiße Kugeln. Es werden nacheinander 4 Kugeln ohne Zurücklegen gezogen.
Berechnen Sie die Wahrscheinlichkeiten folgender Ereignisse:

a) Die erste Kugel ist schwarz.

b) Es werden zuerst 2 weiße Kugeln, anschließend 2 schwarze Kugeln gezogen.

c) Es werden abwechselnd weiße und schwarze Kugeln gezogen.

d) 2 weiße Kugeln werden gezogen.

Lösung zu a)

Die Anzahl aller möglichen Ereignisse beträgt $\frac{8!}{(8-4)!}=8\cdot 7\cdot 6\cdot 5=1680$.

Die erste Kugel ist schwarz, wofür es 5 Möglichkeiten gibt. Die anschließenden Züge sind nicht von Bedeutung. Die gesuchte Wahrscheinlichkeit beträgt $P(a)=\frac{5\cdot 7\cdot 6\cdot 5}{8\cdot 7\cdot 6\cdot 5}=0{,}625=62{,}5\%$.

Lösung zu b)

Für den ersten Zug gibt es 3 Möglichkeiten, für den zweiten 2 Möglichkeiten, für den dritten 5 und für den letzten Zug 4 Möglichkeiten. Damit berechnet sich die Wahrscheinlichkeit zu

$$P(b)=\frac{3\cdot 2\cdot 5\cdot 4}{8\cdot 7\cdot 6\cdot 5}\approx 0{,}0714\approx 7{,}1\%$$

Lösung zu c)

In diesem Fall ist die gesuchte Wahrscheinlichkeit die Summe zweier Wahrscheinlichkeiten:

$$P(wsws)+P(swsw)=\frac{3\cdot 5\cdot 2\cdot 4}{8\cdot 7\cdot 6\cdot 5}+\frac{5\cdot 3\cdot 4\cdot 2}{8\cdot 7\cdot 6\cdot 5}=\frac{1}{7}\approx 0{,}1429\approx 14{,}3\%$$

Lösung zu d)

Die gesuchte Wahrscheinlichkeit ergibt sich wiederum aus der Summe der Einzelwahrscheinlichkeiten:

$$P(wwss)+P(wsws)+P(wssw)+P(swws)+P(swsw)+P(ssww)$$
$$=6\cdot\frac{3\cdot 2\cdot 5\cdot 4}{8\cdot 7\cdot 6\cdot 5}=\frac{3}{7}\approx 0{,}4286\approx 42{,}9\%$$

6

AFB II

Berechnen Sie die geforderten Wahrscheinlichkeiten für den folgenden Fall einer ungeordneten Stichprobe ohne Zurücklegen.

M1

Aus einer Urne mit 8 roten, 6 grünen und 4 blauen Kugeln werden 4 Kugeln gleichzeitig entnommen.
Berechnen Sie die Wahrscheinlichkeiten folgender Ereignisse:
a) Alle Kugeln sind rot.
b) Mindestens 2 Kugeln sind grün.
c) 2 Kugeln sind rot, 2 Kugeln sind grün.

Lösung zu a)

Es werden 4 Kugeln aus 18 Kugeln gezogen, es gibt also insgesamt $\binom{18}{4}=\frac{18\cdot 17\cdot 16\cdot 15}{1\cdot 2\cdot 3\cdot 4}=4\cdot 5\cdot 9\cdot 17=3060$ Möglichkeiten. Um aus 8 roten Kugeln 4 zu ziehen, gibt es $\binom{8}{4}=\frac{8\cdot 7\cdot 6\cdot 5}{1\cdot 2\cdot 3\cdot 4}=2\cdot 5\cdot 7=70$ Möglichkeiten. Die Wahrscheinlichkeit, dass alle Kugeln rot sind, beträgt damit

$$P(a)=\frac{70}{3060}\approx 0{,}0229\approx 2{,}3\%$$

Lösung zu b)

Der Klarheit halber betrachtet man das **Gegenereignis,** das sich zusammensetzt aus „Keine Kugel ist grün“ und „Genau eine Kugel ist grün“.
„Keine Kugel ist grün“: Aus 12 nicht grünen Kugeln werden 4 gezogen, es ergeben sich damit $\binom{12}{4}=\frac{12\cdot 11\cdot 10\cdot 9}{1\cdot 2\cdot 3\cdot 4}=495$ Möglichkeiten.

„Genau eine Kugel ist grün“: Von den 6 grünen Kugeln wird eine gezogen und von den 12 nicht grünen Kugeln werden 3 gezogen. Es ergeben sich damit $\binom{6}{1}\cdot\binom{12}{3}=6\cdot\frac{12\cdot 11\cdot 10}{1\cdot 2\cdot 3}=1320$ Möglichkeiten.

Die gesuchte Wahrscheinlichkeit berechnet sich zu

$$P(c)=1-\left(\frac{495}{3060}+\frac{1320}{3060}\right)\approx 0{,}4069\approx 40{,}7\%$$

6

Fortsetzung: Berechnen Sie die geforderten Wahrscheinlichkeiten für den folgenden Fall einer ungeordneten Stichprobe ohne Zurücklegen.

AFB II

Lösung zu c)

Es gibt $\binom{8}{2} = 4 \cdot 7 = 28$ Möglichkeiten, aus 8 roten Kugeln 2 rote zu ziehen,

und $\binom{6}{2} = 3 \cdot 5 = 15$ Möglichkeiten, aus 6 grünen Kugeln 2 grüne zu ziehen.

Die Wahrscheinlichkeit für 2 rote und 2 grüne Kugeln beträgt

$$P(d) = \frac{15 \cdot 28}{3060} \approx 0{,}1373 \approx 13{,}7\%$$

7

Berechnen Sie die geforderten Möglichkeiten für den folgenden Fall einer ungeordneten Stichprobe mit Zurücklegen.

AFB II

M1 Vier Schülern werden sechs Freikarten fürs Kino angeboten. Berechnen Sie die Zahl der Möglichkeiten, die 6 Karten auf die 4 Schüler zu verteilen.

Es werden immer sechs Karten verteilt, d. h., im Extremfall bekommt ein Schüler alle 6 Karten. Es gibt demnach mit $k = 6$ und $n = 4$

$\binom{4+6-1}{6} = \binom{9}{6} = 84$ Möglichkeiten, die Karten zu verteilen.

„Zurückgelegt" werden hier nicht die Karten, sondern die Schüler!

8

AFB II

Zeichnen Sie ein Baumdiagramm für folgenden Fall und bestimmen Sie die geforderten bedingten Wahrscheinlichkeiten.

M1 Frau Meier fährt an 60 % der Arbeitstage mit der S-Bahn ins Büro. In 80 % dieser Fälle kommt sie vor 8 Uhr dort an. Durchschnittlich ist sie aber nur an 70 % der Arbeitstage vor 8 Uhr im Büro. Am letzten Montag war sie vor 8 Uhr im Büro. Zeichnen Sie die entsprechenden Baumdiagramme und berechnen Sie, mit welcher Wahrscheinlichkeit sie am Montag die S-Bahn benutzt hat.

Die Ereignisse werden definiert zu A: Fahrt mit der S-Bahn und B: Ankunft vor 8 Uhr. Es ergeben sich folgende Baumdiagramme:

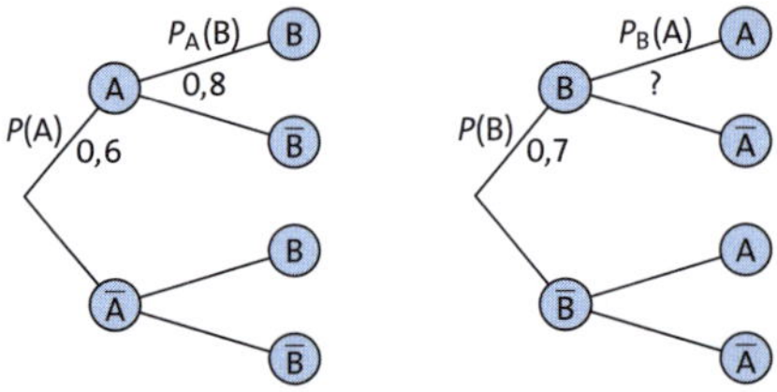

Mithilfe der Baumdiagramme ergibt sich folgende Berechnung:

$$P_B(A) = \frac{P(A) \cdot P_A(B)}{P(B)} = \frac{0{,}6 \cdot 0{,}8}{0{,}7} \approx 0{,}6857 \approx 68{,}6\%$$

Frau Meier hat also am Montag mit einer Wahrscheinlichkeit von 68,6 % die S-Bahn benutzt.

Tipp: Bedingte Wahrscheinlichkeit – Regeln

Zur Berechnung von bedingten Wahrscheinlichkeiten stehen diese Regeln zur Verfügung:

1. Pfadregel: $P(A \cap B) = P(B) \cdot P_B(A)$

2. Pfadregel: $P(A) = P(B) \cdot P_B(A) + P(\overline{B}) \cdot P_{\overline{B}}(A)$

Satz von Bayes: $P_A(B_i) = \dfrac{P_{B_i}(A) \cdot P(B_i)}{P(B_1) \cdot P_{B_1}(A) + \ldots P(B_n) \cdot P_{B_n}(A)}$

Erstellen Sie eine Vierfeldertafel für folgenden Fall und bestimmen Sie den geforderten Prozentsatz mithilfe der bedingten Wahrscheinlichkeit. Prüfen Sie die beiden Ereignisse auf Unabhängigkeit.

AFB II

M1

In einem Sportverein sind 40 % der Mitglieder über 50 Jahre alt, 60 % davon sind Männer. Bei den Mitgliedern, die jünger als 50 Jahre sind, beträgt der Anteil der Männer 70 %.

a) Berechnen Sie mithilfe der Vierfeldertafel den Prozentsatz der männlichen Mitglieder des Sportvereins, die nicht älter als 50 Jahre sind.

b) Prüfen Sie die beiden Ereignisse auf Unabhängigkeit.

Lösung zu a)

Man definiert die folgenden Ereignisse:

A: Älter als 50 Jahre, $P(A) = 0,4$; $P(\bar{A}) = 0,6$

B: Männlich, $P_A(B) = 0,6$; $P_{\bar{A}}(B) = 0,7$

Dann gilt $P(A \cap B) = P(A) \cdot P_A(B) = 0,4 \cdot 0,6 = 0,24$

und $P(\bar{A} \cap B) = P(\bar{A}) \cdot P_{\bar{A}}(B) = 0,6 \cdot 0,7 = 0,42$

Man trägt $P(A)$, $P(\bar{A})$, $P(A \cap B)$ und $P(\bar{A} \cap B)$ in die **Vierfeldertafel** ein und ermittelt die Wahrscheinlichkeit $P(B)$:

	B	$\bar{B}$	
A	0,24	0,16	0,4
$\bar{A}$	0,42	0,18	0,6
	0,66	0,34	1

Mit $P(B) = 0,66$ ermittelt man den gesuchten Prozentsatz zu

$$P_B(A) = \frac{P(B \cap \bar{A})}{P(B)} = \frac{0,42}{0,66} \approx 0,636 \approx 63,6\%$$

Folglich sind 63,6 % der männlichen Mitglieder des Vereins nicht älter als 50 Jahre.

Lösung zu b)

Die Ereignisse A (älter als 50 Jahre) und B (männlich) sind voneinander abhängig, da $P(A) \neq P_B(A)$ gilt.

10

AFB III

Führen Sie mithilfe der bedingten Wahrscheinlichkeit die folgende Prüfung durch: Prüfen Sie, ob der Kontrolltest eine Auslieferung von fehlerfreien Bauteilen mit einer Wahrscheinlichkeit von 99% sicherstellt.

M1 Eine Firma produziert ein Bauteil, das zu 90 % fehlerfrei ist. Der Kontrolltest meldet bei 97 % der fehlerfreien Bauteile auch keinen Fehler, während ein fehlerhaftes Bauteil mit einer Wahrscheinlichkeit von 94 % erkannt wird.

Man definiert die folgenden Ereignisse:
A: Bauteil ist fehlerhaft, $P(A)=0{,}1; \quad P(\bar{A})=0{,}9$

B: Bauteil besteht den Test, $P_{\bar{A}}(B)=0{,}97; \quad P_A(\bar{B})=0{,}94$

Gesucht ist die Wahrscheinlichkeit, dass ein Bauteil, das den Kontrolltest besteht, auch fehlerfrei ist, also $P_B(\bar{A})$.

Aus dem **Satz von Bayes** folgt

$$P_B(\bar{A})=\frac{P(A)\cdot P_{\bar{A}}(B)}{P(\bar{A})\cdot P_{\bar{A}}(B)+P(A)\cdot P_A(B)} \text{ mit}$$

$$P_A(B)=1-P_A(\bar{B})=1-0{,}94=0{,}06$$

Man berechnet:

$$P_B(\bar{A})=\frac{0{,}9\cdot 0{,}97}{0{,}9\cdot 0{,}97+0{,}1\cdot 0{,}06}\approx 0{,}993\approx 99{,}3\%$$

Der Test stellt also sicher, dass die ausgelieferten Bauteile mit einer Wahrscheinlichkeit von 99 % fehlerfrei sind.

KAPITEL 11

Stochastik – Zufallsverteilungen und Testen von Hypothesen

Alle Fragen im Überblick

AFB I

1 **Werten Sie** das folgende Umfrageergebnis **aus**, das die Meinung von 200 Besuchern eines Kinos zu einem Film zeigt, indem Sie den Erwartungswert und die Standardabweichung berechnen.

AFB II

2 **Berechnen Sie** jeweils die Wahrscheinlichkeiten für folgenden Versuch: Eine Urne enthält 3 weiße und 7 schwarze Kugeln. Es werden nacheinander 4 Kugeln entnommen und jeweils wieder zurückgelegt.

3 **Berechnen Sie** jeweils die im Material genannten Wahrscheinlichkeiten für folgenden Versuch: Eine Münze wird 5-mal geworfen.

4 (GTR) **Berechnen Sie** mit dem GTR: Welchen Winkel muss der Sektor für den Gewinn auf einem Glücksrad mindestens haben, damit man bei 40 Drehungen mit einer Wahrscheinlichkeit von mindestens 90 % mindestens 4-mal den Gewinn trifft?

5 (GTR) **Berechnen Sie** mit dem GTR: Ein Elektronikmarkt bekommt eine Lieferung von 600 MP3-Playern. Die Wahrscheinlichkeit für einen defekten MP3-Player liegt bei 0,5 %. Das Geschäft sendet die Lieferung zurück, wenn mindestens 6 defekte Geräte dabei sind. Wie hoch ist die Wahrscheinlichkeit, dass die Lieferung zurückgeschickt wird?

6 **Berechnen Sie** die Wahrscheinlichkeit für die im Material genannten Ereignisse für diesen Versuch: Ein Würfel trägt auf 3 Seiten eine 1, auf zwei Seiten eine 2 und auf einer Seite eine 3. Er wird 1000-mal geworfen.

AFB III

7 **Prüfen Sie** auf eine Irrtumswahrscheinlichkeit von 5 %, dass der Anteil fehlerhafter Produkte größer als 5 % ist, für den im Material genannten Fall.

8 **Prüfen Sie** auf eine Irrtumswahrscheinlichkeit von 10 % für folgenden Fall.

9 **Prüfen Sie** auf eine Irrtumswahrscheinlichkeit von 5 %, ob die folgende Münze ideal ist: Eine Münze wird 200-mal geworfen, 87-mal ist das Ergebnis „Zahl".

1

AFB I

Werten Sie das folgende Umfrageergebnis aus, das die Meinung von 200 Besuchern eines Kinos zu einem Film zeigt, indem Sie den Erwartungswert und die Standardabweichung berechnen.

M1 Die Besucher hatten Schulnoten vergeben von 1 (gefiel mir sehr gut) bis 5 (gefiel mir gar nicht). Die Urteile fielen folgendermaßen aus:

Note	1	2	3	4	5
Anzahl	36	52	60	14	38

a) Berechnen Sie den Mittelwert und die Standardabweichung.

b) Bei der Befragung in einem anderen Kino mit 150 Besuchern ergab sich ein Mittel von 3,9 bei einer Standardabweichung von 0,5. Was lässt sich im Vergleich zum ersten Kino feststellen?

Lösung zu a)

Der Mittelwert bzw. **Erwartungswert** wird berechnet:

$$E(X) = 1\cdot\frac{36}{200} + 2\cdot\frac{52}{200} + 3\cdot\frac{60}{200} + 4\cdot\frac{14}{200} + 5\cdot\frac{38}{200} = \frac{283}{100} = 2{,}83$$

Für die **Standardabweichung** gilt $\sigma(X) = \sqrt{V(X)}$, d. h., die Varianz $V(X) = E\left[\left(X - E(X)\right)^2\right] = \sum_i (x_i - E(X))^2 \cdot P(X = x_i)$ muss zuerst berechnet werden:

$$V(X) = (1-2{,}83)^2\cdot\frac{36}{200} + (2-2{,}83)^2\cdot\frac{52}{200} + (3-2{,}83)^2\cdot\frac{60}{200}$$
$$+ (4-2{,}83)^2\cdot\frac{14}{200} + (5-2{,}83)^2\cdot\frac{38}{200} \approx 1{,}78$$

Die Standardabweichung lautet damit: $\sigma(X) = \sqrt{1{,}78} \approx 1{,}33$.

Lösung zu b)

Die Besucher im zweiten Kino beurteilten den Film im Schnitt schlechter und waren in ihrer Meinung einheitlicher (geringere Streuung).

2

Berechnen Sie jeweils die Wahrscheinlichkeiten für folgenden Versuch: Eine Urne enthält 3 weiße und 7 schwarze Kugeln. Es werden nacheinander 4 Kugeln entnommen und jeweils wieder zurückgelegt.

AFB II

M1

Gesucht sind die Wahrscheinlichkeiten, mit der k weiße Kugeln gezogen werden; mit $k \in \{0, 1, 2, 3, 4\}$.

Für die **binomialverteilte Wahrscheinlichkeit** gilt folgender funktionaler Zusammenhang: $P(X=k) = B_{n;p}(\{k\}) = \binom{n}{k} \cdot p^k \cdot (1-p)^{n-k}$, in diesem Beispiel mit $k \in \{0, 1, 2, 3, 4\}$, $n=4$ und der **Erfolgswahrscheinlichkeit** $p = \frac{3}{10}$, mit der bei jedem Ziehen eine weiße Kugel gezogen wird.

- Für $k=0$ berechnet man

$$P(X=0) = B_{4;\frac{3}{10}}(\{0\}) = \binom{4}{0} \cdot \left(\frac{3}{10}\right)^0 \cdot \left(\frac{7}{10}\right)^4 = \frac{2401}{10000} = 0{,}2401 \approx 24\%.$$

- Für $k=1$ berechnet man

$$P(X=1) = B_{4;\frac{3}{10}}(\{1\}) = \binom{4}{1} \cdot \left(\frac{3}{10}\right)^1 \cdot \left(\frac{7}{10}\right)^3 = \frac{1029}{2500} = 0{,}4116 \approx 41\%.$$

- Für $k=2$ berechnet man

$$P(X=2) = B_{4;\frac{3}{10}}(\{2\}) = \binom{4}{2} \cdot \left(\frac{3}{10}\right)^2 \cdot \left(\frac{7}{10}\right)^2 = \frac{1323}{5000} = 0{,}2646 \approx 26\%.$$

- Für $k=3$ berechnet man

$$P(X=3) = B_{4;\frac{3}{10}}(\{3\}) = \binom{4}{3} \cdot \left(\frac{3}{10}\right)^3 \cdot \left(\frac{7}{10}\right)^1 = \frac{189}{2500} = 0{,}0756 \approx 7{,}6\%.$$

- Für $k=4$ berechnet man

$$P(X=4) = B_{4;\frac{3}{10}}(\{4\}) = \binom{4}{4} \cdot \left(\frac{3}{10}\right)^4 \cdot \left(\frac{7}{10}\right)^0 = \frac{81}{10000} = 0{,}0081 \approx 0{,}8\%.$$

3

AFB II

Berechnen Sie jeweils die im Material genannten Wahrscheinlichkeiten für folgenden Versuch: Eine Münze wird 5-mal geworfen.

M1

Gesucht sind die Wahrscheinlichkeiten folgender Ereignisse:
A: Es tritt dreimal Zahl auf.
B: Es tritt mindestens einmal Zahl auf.
C: Es tritt nur Kopf auf.
D: Es tritt höchstens zweimal Zahl auf.

Die Erfolgswahrscheinlichkeit für „Zahl" liegt bei $p=\frac{1}{2}=0,5$, es gilt für $n=5$.

Für das Ereignis A berechnet man folgende Wahrscheinlichkeit:

$$P(A)=P(X=3)=B_{5;\frac{1}{2}}(\{3\})=\binom{5}{3}\cdot\left(\frac{1}{2}\right)^3\cdot\left(\frac{1}{2}\right)^2=\frac{10}{32}=0,3125\approx 31\%$$

Für das Ereignis B berechnet man folgende Wahrscheinlichkeit:

$$\begin{aligned}P(B)&=P(X\geq 1)=1-P(X<1)=1-P(X=0)\\&=1-B_{5;\frac{1}{2}}(\{0\})=1-\binom{5}{0}\cdot\left(\frac{1}{2}\right)^0\cdot\left(\frac{1}{2}\right)^5=1-\frac{1}{32}=0,96875\approx 97\%\end{aligned}$$

Für das Ereignis C berechnet man folgende Wahrscheinlichkeit:

$$P(C)=P(X=0)=\frac{1}{32}=0,03125\approx 3,1\%$$

Für das Ereignis D berechnet man folgende Wahrscheinlichkeit:

$$\begin{aligned}P(D)&=P(X\leq 2)=P(X=0)+P(X=1)+P(X=2)\\&=\frac{1}{32}+B_{5;\frac{1}{2}}(\{1\})+B_{5;\frac{1}{2}}(\{2\})\\&=\frac{1}{32}+\binom{5}{1}\cdot\left(\frac{1}{2}\right)^1\cdot\left(\frac{1}{2}\right)^4+\binom{5}{2}\cdot\left(\frac{1}{2}\right)^2\cdot\left(\frac{1}{2}\right)^3\\&=\frac{1}{32}+\frac{5}{32}+\frac{5}{16}=0,5=50\%\end{aligned}$$

Berechnen Sie mit dem GTR: Welchen Winkel muss der Sektor für den Gewinn auf einem Glücksrad mindestens haben, damit man bei 40 Drehungen mit einer Wahrscheinlichkeit von mindestens 90 % mindestens 4-mal den Gewinn trifft?

AFB II

GTR

Gesucht ist die Erfolgswahrscheinlichkeit p für einen Treffer bei einmaligem Drehen des Glücksrades. Da es keinen Lösungsansatz gibt, der die gesuchte Größe direkt liefert, muss die **Lösung durch Probieren** ermittelt werden. Dafür eignet sich die Verwendung des GTR.

Die Vorgaben der Aufgabenstellung führen zu folgendem Zusammenhang:
$P(X \geq 4) = 1 - P(X \leq 3) = 1 - B_{40;p}(X \leq 3) \geq 0{,}9$ bzw. $B_{40;p}(X \leq 3) \leq 0{,}1$.
Mit dem GTR werden für $B_{40;p}(X \leq 3)$ verschiedene Werte für p berechnet, bis die Bedingung „$\leq 0{,}1$" erfüllt ist:

```
          .1042057463
binomcdf(40,.159
,3)
          .1012883058
binomcdf(40,.16,
3)
          .0984398731
```

Für $p = 0{,}160$ wird die Bedingung erstmals erfüllt.
Der Winkel des Sektors muss also mindestens $0{,}16 \cdot 360° = 57{,}6°$ betragen.

Tipp

Binomialverteilungen lassen sich aus **Tabellen entnehmen** oder mit dem **GTR berechnen.** Für $P(X = k)$ verwendet man die Funktion *binompdf*, für $P(X \leq k)$ die Funktion *binomcdf*.

5

AFB II

GTR

Berechnen Sie mit dem GTR: Wie hoch ist die Wahrscheinlichkeit, dass die Lieferung zurückgeschickt wird?

M1 Ein Elektronikmarkt bekommt eine Lieferung von 600 MP3-Playern. Die Wahrscheinlichkeit für einen defekten MP3-Player liegt bei 0,5%. Das Geschäft sendet die Lieferung zurück, wenn mindestens 6 defekte Geräte dabei sind.

Für hinreichend große n kann die Binomialverteilung B durch die Normalverteilung genähert werden, mithilfe der **Näherungsformel von Moivre und Laplace.**

In diesem Fall gilt: $p = 0{,}005$, $n = 600$, $\mu = n \cdot p = 600 \cdot 0{,}005 = 3$,

$\sigma = \sqrt{n \cdot p \cdot (1-p)} = \sqrt{600 \cdot 0{,}005 \cdot 0{,}995} \approx 1{,}728$

Zusammen mit $\Phi(x) = \frac{1}{\sqrt{2\pi}} e^{-\frac{x^2}{2}}$ liefert die Näherungsformel

$$B_{600;0,005}(X \geq 6) = 1 - B_{600;0,005}(X \leq 5) \approx 1 - \Phi\left(\frac{k - \mu + 0{,}5}{\sigma}\right)$$

$$\approx 1 - \Phi\left(\frac{5 - 3 + 0{,}5}{1{,}728}\right) \approx 1 - \Phi(1{,}447).$$

Die Wahrscheinlichkeiten der Normalverteilung können auf dem GTR mit der Statistikfunktion *normalcdf* berechnet werden, es gilt: $\Phi(a) = normalcdf(-8, a)$.

Das Ergebnis für $a = 1{,}447$ lautet:

```
normalcdf(-8,1.4
47)
      .9260514967
```

Die Fortsetzung der Rechnung ergibt sich zu:

$$\ldots \approx 1 - \Phi(1{,}447) \approx 1 - 0{,}926 \approx 0{,}074 \approx 7{,}4\%$$

Die Wahrscheinlichkeit, dass die Lieferung zurückgeht, beträgt 7,4 %.

Berechnen Sie die Wahrscheinlichkeit für die im Material genannten Ereignisse für diesen Versuch: Ein Würfel trägt auf drei Seiten eine 1, auf zwei Seiten eine 2 und auf einer Seite eine 3. Er wird 1000-mal geworfen.

AFB II

M1

Gesucht ist die Wahrscheinlichkeit für
a) genau 460 Einser,
b) genau 310 Zweier,
c) genau 180 Dreier,
d) 850-mal keine Drei.

Lösung zu a)

Auch diese Aufgabe kann mit der Näherungsformel von Moivre und Laplace bearbeitet werden.

In diesem Fall gilt $p=\frac{3}{6}=0,5$, $\mu=n\cdot p=1000\cdot 0,5=500$,

$\sigma=\sqrt{n\cdot p\cdot(1-p)}=\sqrt{1000\cdot 0,5\cdot 0,5}\approx 15,81$. Damit und mit $\Phi(x)=\frac{1}{\sqrt{2\pi}}e^{-\frac{x^2}{2}}$ ergibt die Näherungsformel

$$P(X=460)\approx\frac{1}{\sigma}\Phi\left(\frac{k-\mu}{\sigma}\right)\approx\frac{1}{15,81}\Phi\left(\frac{460-500}{15,81}\right)\approx\frac{1}{15,81}\Phi(-2,53)$$
$$\approx 0,0010\approx 0,1\%$$

Lösung zu b)

Hier ergibt sich mit $p=\frac{1}{3}$, $\mu=333\frac{1}{3}$, $\sigma\approx 14,91$ folgende Rechnung:

$$P(X=310)\approx\frac{1}{14,91}\Phi\left(\frac{310-333,33}{14,91}\right)\approx\frac{1}{14,91}\Phi(-1,56)\approx 0,0079\approx 0,8\%$$

Lösung zu c)

Hier ergibt sich mit $p=\frac{1}{6}$, $\mu=166\frac{2}{3}$, $\sigma\approx 11,79$ folgende Rechnung:

$$P(X=180)\approx\frac{1}{11,79}\Phi\left(\frac{180-166,67}{11,79}\right)\approx\frac{1}{11,79}\Phi(1,13)\approx 0,0179\approx 1,8\%$$

Lösung zu d)

Hier ergibt sich mit $p=\frac{5}{6}$, $\mu=833\frac{1}{3}$, $\sigma\approx 11,79$ folgende Rechnung:

$$P(X=850)\approx\frac{1}{11,79}\Phi\left(\frac{850-833,33}{11,79}\right)\approx\frac{1}{11,79}\Phi(1,41)\approx 0,0125\approx 1,3\%$$

7

AFB III

Prüfen Sie auf eine Irrtumswahrscheinlichkeit von 5 %, dass der Anteil fehlerhafter Produkte größer als 5 % ist, für den im Material genannten Fall.

M1 Ein Unternehmen versichert für sein Produkt, dass nur 5 % fehlerhaft sind. Ein Zwischenhändler findet nun unter 200 Produkten 17 fehlerhafte Produkte.

Die zu überprüfende Hypothese heißt **Nullhypothese** H_0, die Verneinung **Alternativhypothese** oder **Gegenhypothese** H_1 bzw. $\overline{H}$. Die Wahrscheinlichkeit, eine in Wirklichkeit wahre Nullhypothese irrtümlich als falsch abzulehnen, wird als **Irrtumswahrscheinlichkeit** α oder **Fehler 1. Art** bzw. **Signifikanzniveau** bezeichnet.

Die Menge der Werte der Zufallsgröße X, für die die Nullhypothese abgelehnt wird, heißt **Ablehnungsbereich** $\bar{A}$. Die Menge der restlichen X-Werte ist der **Annahmebereich** A.

Der Zwischenhändler testet die Nullhypothese $H_0: p = 0{,}05$ für „Produkt fehlerhaft" bei $n = 200$. Es handelt sich um einen einseitigen Test mit $\alpha = 0{,}05$.
Man berechnet:

$P(X > 15) = 1 - P(X \leq 15) = 1 - B_{200;0,05}(X \leq 15) = 0{,}0444$
und
$P(X > 14) = 1 - P(X \leq 14) = 1 - B_{200;0,05}(X \leq 14) = 0{,}0781$

Da $P(\bar{A})$ höchstens den Wert α annehmen darf, ist damit $\bar{A} = \{16, 17, 18, ..., 200\}$ und $A = \{0, 1, 2, ..., 15\}$.

Da 17 im Ablehnungsbereich liegt, kann der Zwischenhändler mit $\alpha = 5\%$ auf mehr als 5 % Ausschuss schließen.

Tipp

Schließt man bei einer bestimmten **Irrtumswahrscheinlichkeit** auf eine Behauptung, so ist immer die **Gegenhypothese** gemeint.

Prüfen Sie auf eine Irrtumswahrscheinlichkeit von 10 % für folgenden Fall.

AFB III

M1 Ein Staubsaugerhersteller erhält zunehmend Beschwerden seiner Kundschaft über den eingebauten Filter. Die Techniker ändern den Filter und versichern, dass sich nun weniger als 10 % der Kunden beschweren würden. Kurze Zeit später meldet der Vertrieb, dass sich unter 200 Käufern des Staubsaugers jetzt noch 12 beschweren. Haben die Techniker mit einer Irrtumswahrscheinlichkeit von 10 % recht gehabt?

Ein Testverfahren, bei dem festgestellt wird, ob eine Nullhypothese H_0 abgelehnt wird oder nicht, heißt **Signifikanztest** mit dem Signifikanzniveau α.

- Getestet wird die Nullhypothese $H_0: p = 0{,}1$ für „Kunde nicht zufrieden" bei $n = 200$. Die Gegenhypothese ist $H_1: p < 0{,}1$. Es handelt sich um einen linksseitigen Test mit $\alpha = 0{,}1$.
- Ist H_0 wahr, so ist die Zufallsvariable X (Anzahl der nicht zufriedenen Kunden) $B_{200;0,1}$-verteilt.

Gesucht ist nun die größte ganze Zahl g, sodass gilt $P(X \leq g) \leq \alpha$.

Man berechnet
$P(X \leq 14) = B_{200;0,1}(X \leq 14) = 0{,}0929$
und
$P(X \leq 15) = B_{200;0,1}(X \leq 15) = 0{,}1431$

Es ergibt sich für $g = 14$ und somit der Ablehnungsbereich zu $\bar{A} = \{0, 1, \ldots, 14\}$. Da $12 \in \bar{A}$, wird H_0 abgelehnt.

Die Techniker haben also recht: Mit einer Irrtumswahrscheinlichkeit von 10 % sind weniger als 10 % der Kunden nicht zufrieden.

9

AFB III

Prüfen Sie auf eine Irrtumswahrscheinlichkeit von 5 %, ob die folgende Münze ideal ist: Eine Münze wird 200-mal geworfen, 87-mal ist das Ergebnis „Zahl".

Getestet wird die Nullhypothese $H_0: p=0{,}5$ für „Zahl" bei $n=200$. Die Gegenhypothese ist $H_1: p \neq 0{,}5$. Es handelt sich um einen zweiseitigen Test mit $\alpha = 0{,}05$.
Ist H_0 wahr, so ist die Zufallsvariable X (Anzahl des Ergebnisses „Zahl") $B_{200;0,5}$-verteilt.

Gesucht sind nun die ganzen Zahlen g_l und g_r, sodass gilt $P(X \leq g_l) \leq \frac{\alpha}{2}$ und $P(X \geq g_r) \leq \frac{\alpha}{2}$

Man berechnet:

$P(X \leq 85) = B_{200;0,5}(X \leq 85) = 0{,}0200,$

$P(X \leq 86) = B_{200;0,5}(X \leq 86) = 0{,}0280$

und

$P(X \geq 114) = 1 - P(X \leq 113) = 1 - B_{200;0,5}(X \leq 113) = 0{,}0280,$

$P(X \geq 115) = 1 - P(X \leq 114) = 1 - B_{200;0,5}(X \leq 114) = 0{,}0200$

Es ergibt sich somit der Ablehnungsbereich zu

$\overline{A} = \{0, 1, ..., 85\} \cup \{115, 116, ..., 200\}$

Da $87 \notin \overline{A}$, kann H_0 nicht abgelehnt werden.

Die Münze ist also mit einer Irrtumswahrscheinlichkeit von 5 % ideal.

Tipp

Ein Test heißt **einseitig,** wenn A und $\overline{A}$ jeweils nur aus einem einzigen Intervall bestehen. Ein Test heißt **zweiseitig,** wenn $\overline{A}$ durch A oder A durch $\overline{A}$ in zwei Intervalle geteilt wird.